云计算和大数据丛书

国家自然科学基金青年科学基金项目（批号: 62306157）资助
宁夏回族自治区自然科学基金优秀青年项目（批号: 2024AAC05011）资助

基于图神经网络的网络表示学习研究

莫先　著

武汉大学出版社

图书在版编目(CIP)数据

基于图神经网络的网络表示学习研究 / 莫先著 . -- 武汉 : 武汉大学
出版社,2025.6. -- 云计算和大数据丛书 . -- ISBN 978-7-307-24947-9

Ⅰ . TP181

中国国家版本馆 CIP 数据核字第 2025AF9227 号

责任编辑:胡　艳　陈卓琳　　　责任校对:汪欣怡　　　版式设计:马　佳

出版发行:**武汉大学出版社**　　(430072　武昌　珞珈山)

(电子邮箱:cbs22@whu.edu.cn 网址:www.wdp.com.cn)

印刷:湖北云景数字印刷有限公司

开本:787×1092　　1/16　　印张:12.5　　字数:241 千字　　插页:1

版次:2025 年 6 月第 1 版　　2025 年 6 月第 1 次印刷

ISBN 978-7-307-24947-9　　　定价:59.00 元

前　　言

随着社会的快速发展，各种信息的数量也在不断增加。海量的信息资源一方面促进了社会发展，另一方面也导致了信息过载问题，使得有效信息的甄别与获取变得更加困难。图表示学习是一门专门处理图数据的信息科学，它能够学习网络中节点和边的特征，以便后续进行数据挖掘与其他计算，最终优化下游应用。图神经网络是图表示学习的一个重要工具，通过学习图中节点的向量表示，预测事物之间的关系，从而推断出需要的信息。用于图表示学习的主要图神经网络及其变体有以下几种类型：图卷积网络利用节点的特征信息和图的结构信息学习节点的低维表示；图注意力网络将不同的权重分配给不同的邻居节点，再结合各邻居节点的特征预测新节点的特征；异构图神经网络是处理异构图的神经网络，异构图包含多种类型的节点和边；高阶图神经网络通过高阶图卷积机制，捕捉图中多跳邻居节点的特征；图小波神经网络在图卷积网络的基础上，利用小波变换代替图卷积，避免了矩阵分解，提升了模型效率；时序卷积网络增加了因果卷积，即在某一时间 t 的输出仅与当前时刻及更早时刻的输入数据进行卷积，以捕捉时间序列中的时序依赖性；多关系图对比学习通过数据增强构建正负样本对，对正负样本对以损失函数的形式进行比较，以增强图神经网络处理多关系数据的性能。

虽然图神经网络在网络表示学习上取得了一些进展，但一些基于以上经典图数据处理模型的研究方法还存在以下问题：难以捕获出每个时间戳的空间结构和随时间变化的时序特性，忽略了节点属性和时序信息，未将属性特征整合到拓扑特征，忽略了离群节点的影响，忽略了利用之前的快照来提取特征，忽略了直接邻居的权重值，忽略了异构网络中不同类型的邻居对目标节点嵌入的贡献各不相同，忽略了不同实体在不同关系下对目标实体的重要性不同，忽略了时序异构网络中边交互的时序近期性，未考虑纳入连续时间片以捕捉时序异构网络中近期交互的演化模式来进行关系预测，计算成本较高等。基于上述问题，本书具体内容安排如下：

（1）提出一种用于时序网络分层嵌入的时空高阶图卷积网络模型，以进行网络表示学习。该模型是一种基于稀疏化邻域混合的高阶图卷积模型，通过混合不同距离的邻域特征来学习邻域之间的混合关系，并结合了不同跳数的邻居信息。本书在 4 个公

1

开数据集上进行了多次实验，实验结果表明，与对比模型相比，本书提出的模型更具有竞争力。

（2）提出一种静态和时序属性网络拓扑特征提取和节点嵌入方法，对于静态属性网络，本书的模型将 1 阶到 k 阶的权重和节点属性相似度整合到一个加权图中。对于时序属性网络，本书模型的处理对象包含 1 阶到 k 阶的权重网络，将其先前快照和节点属性相似度整合到一个加权图中，并使用衰减系数，以确保更近的快照分配到更大的权重。本书在 4 个公开数据集上进行了多次实验，实验结果表明，与对比模型相比，本书提出的模型更具竞争力。

（3）提出一个基于自编码器的包含离群节点的时序属性网络嵌入模型，该模型利用支持离群感知的自编码器来构建节点信息，该编码器结合了当前网络快照和历史快照，共同学习网络中节点的嵌入向量。其次，本书提出了一个简化的高阶图卷积机制，该机制能够对时序属性网络中每个快照的每个节点的属性特征进行预处理。本书在 3 个公开数据集上进行了多次实验，实验结果表明，本书的模型在链路预测和节点分类方面与对比模型相比更具竞争力。

（4）提出一种拓扑和时序图小波图神经网络模型以进行时序网络中的链路预测，该模型采用图小波神经网络在网络中深度嵌入节点，代替了传统的图卷积网络中的卷积核，避免了拉普拉斯矩阵的特征分解。本书在 4 个公开数据集上进行了多次实验，实验结果表明，本书的模型优于一些先进的对比模型。

（5）提出一种时间戳分层采样图小波神经网络模型。其中，图小波神经网络用于更好地捕捉时序网络的非线性特征，时间戳分层采样算法能够有效地捕捉时序网络的演变行为。本书在 4 个公开数据集上进行了多次实验，证明了本书提出的方法优于其他对比模型。

（6）提出一种基于分层注意力的异构时序网络嵌入模型。基于分层注意力的异构时序网络嵌入模型包括节点级和语义级注意力，该模型能够捕获不同层次聚合的重要性。节点级注意力可以识别特定节点类型的节点与其随机游走邻居之间的重要性，语义级注意力可以识别该节点的不同节点类型的重要性。本书在 3 个公开数据集上进行了多次实验，证明了本书的模型在节点分类和关系预测方面优于其他对比模型。

（7）提出一种多关系图对比学习模型，该模型引入了一个多关系图层次注意力网络，用于识别实体之间的重要性，它包括实体级、关系级和层级注意力。实体级注意力可以识别特定关系类型下实体及其邻居之间的重要性，关系级注意力可以识别特定实体的不同关系类型的重要性，而层级注意力可以识别模型中不同传播层对特定实体的重要性。其次，本书利用变体多关系图层次注意力网络自动学习两个具有自适应拓扑结构的图的增强视图。此外，本书设计了一个子图对比损失函数，为每个锚点生成正样本对。本书在5个公开数据集上进行了多次实验，实验结果表明，本书的模型在多方面优于一些先进的对比模型。

（8）提出一种关系感知异构图卷积网络架构以及一种连续时间的时序异构网络邻居生成算法用于关系预测。在关系感知异构图卷积网络架构中，为了预测不同节点类型之间的目标关系，模型通过关系感知异构图卷积网络架构，学习与目标关系最相关的不同关系，从而实现精准的关系预测。本书在多个公开的异构时序网络上进行了多次实验，实验结果表明，本书的模型在关系预测方面优于一些先进的对比模型。

本书得到国家自然科学基金青年科学基金项目（批号：62306157）和宁夏回族自治区自然科学基金优秀青年项目（批号：2024AAC05011）资助。

作　者

2024 年 11 月

目　　录

第1章 绪 论

1.1 研究背景及意义

随着人类社会信息化程度日益提高，社会系统的复杂性也日益凸显。社会可以被视为一个整体，其中包含众多纷繁复杂的关系，例如个人与个人、个人与群体、群体与群体之间的关系。由于社会中这些关系数量较多，难以发现关系和个体之间的联系，面对数量较多的关系，可以把它们集成起来看作一个网络，关系和个体包含丰富的属性信息，有助于理解和推断网络中其他成员之间的关系，从而能够用于各种下游的应用。但是，个体和关系处于不断演变之中，如何更好地表示网络也成了难题。一方面应该考虑时间上个体和关系的变化，另一方面应该考虑如何使得计算机能够理解个体与关系，从而通过一定的计算获取并预测和其有关的信息。因此，结合时间和空间上的变化，聚合相关个体、关系的嵌入信息(即网络嵌入)并进行网络预测，成为当前学术界和工业界的一个研究热点。

网络通常用于描述复杂的系统，其中每个节点代表一个实体，每条边代表一对实体之间的相互作用，例如在社会关系中，一群人可以作为一个节点集，该群体内部存在多种相互交往的关系，即人与人之间的相互作用，可以用边来表示，如图 1-1 所示。近年来，图神经网络(graph neural network，GNN)作为一种应用于图数据结构的神经网络发展迅速。现实世界中的绝大多数网络并非静态的，而是处于不断发展之中，这些网络可被构建为时序网络。近年来，时序网络在许多研究领域得到了广泛的研究和应用，如社交网络、生物网络和合著网络。链路预测是时序网络中一种重要的分析工具，其目的是根据一系列网络快照推断出新的链路，更好地理解网络演化。

网络嵌入(即网络表示学习)越来越受到关注。在现实世界中，许多网络包含丰富的属性，根据网络是否包含时序信息，这些网络可以被分类为静态属性网络和时序属性网络。例如，在引文网络中，作者节点可能包含所属机构、研究领域方向和合著者等资料，这些资料可能随时序发展而变化。社交科学理论表明，节点属性可以被整合

1

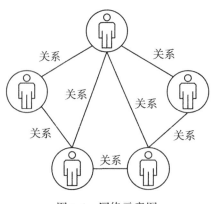

图 1-1　网络示意图

进网络的拓扑结构中，以提高许多下游应用的性能。特别是在稀疏网络中，属性信息对于更好地学习网络表示非常有用。然而，大多数以往的网络嵌入方法仅针对忽略节点属性的普通网络拓扑结构进行设计，因此，使用属性特征来理解网络的复杂行为至关重要。

时序网络中的链路预测旨在评估节点之间未来产生连接的可能性，其在社交网络、生物网络、交通分析等领域有着重要的应用，它也是时序网络的一种重要分析工具，有助于读者更好地理解网络演变。例如，可以预测近期将建立哪些链路，从而预测在线社交网络中的新关系。

近年来，将网络中的节点或边嵌入低维向量的网络嵌入技术越来越受到研究者的关注。这类网络嵌入技术在链路预测和节点分类中已被证明非常有效。然而，许多现实世界中的网络总是异构的，包括各种类型的节点和边（关系）。此外，节点和边在现实世界中不是静态的，而是不断演变的，它们所构成的网络被定义为异构时序网络。

多关系图，也称为知识图谱（knowledge graphs，KGs），由不同类型的实体作为节点和不同类型的关系作为边，它可以用来存储大量的事实知识。例如，知识图谱通常存储为一个三元组 (s, r, o)，其中 s 和 o 分别定义了不同类型的源实体和目标实体，r 定义了不同类型的关系，如图 1-2 所示。多关系图学习，也称为知识图谱嵌入（knowledge graph embedding，KGE），旨在将实体和关系嵌入低维向量表示，这样能够保留 KGs 的固有结构，它成功应用于各种下游多关系预测任务，这些任务需要利用表示向量，如关系提取、信息检索、个性化推荐、问答以及药物间相互作用预测等。现有的方法只考虑了两种类型的实体，但现实中存在多种类型的实体和关系，因此，现有的研究依然不充分。此外，通过对比损失函数实现高质量节点学习仍是一个挑战。

现实世界中的网络往往是异构的，由不同类型的实体和随时间演化的关系组成。

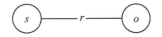

图 1-2 知识图谱示意图

关系预测是时序异构网络中的一种重要分析工具，在时序同构网络中也被称为链路预测。链路预测旨在预测时序同构网络中相同类型节点之间的未来交互情况，而关系预测旨在预测时序异构网络中不同类型节点之间目标关系的存在性，它可应用于多种网络分析任务，如分类、推荐系统和网络重构。具体而言，关系预测可用于预测学术网络中的新的共同作者关系、交通网络中的交通流量、生物网络中的药物-靶点的相互作用、电子商务网络中的购买行为等。然而，目前现有的时序异构网络关系预测的方法忽略了时序异构网络中边交互的时序近期性。因此，本书提出的模型采用纳入近期连续时间片的边的方法，获取了相对更好的性能。

1.2 国内外研究现状

1.2.1 静态属性网络嵌入

由于网络在现实生活中包含丰富的属性信息，研究属性网络嵌入是至关重要的。模块化非负矩阵分解（modularized non-negative matrix factorization，MNMF）考虑了网络嵌入中的群落结构，它假设同一群落中的节点表示应更为相似。融合社区结构的网络嵌入模型（network embedding with community structural information，NECS）利用高阶近似性和群落结构来学习网络嵌入。由于上述方法基于矩阵运算，它们提取高维非线性特征的能力有限。

一些学者提出关于属性网络的网络嵌入方法，如 Zhu 等（2007）使用矩阵分解结合节点属性来学习嵌入向量。文本相关的 DeepWalk 也采用矩阵分解，结合节点的文本特征来学习节点嵌入。加速的属性网络嵌入方法（accelerated attributed network embedding，AANE）应用图拉普拉斯技术来嵌入拓扑结构和属性。Huang 等（2017）从节点的标签数据中学习更有用的节点表示。静态属性网络的共嵌入模型（co-embedding of static attribute networks，CSAN）学习同一语义空间中节点和属性的节点表示。图卷积网络（graph convolutional network，GCN）采用卷积神经网络的变体以学习属性网络的节点嵌入，而属性网络表示学习方法（attributed network representation learning，ANRL）采用深度神经网络架构来为具有属性的网络学习节点表示。图注意力网络（graph attention network，GAT)提出了一种自注意力机制来学习节点表示，随后 NETTENTION 方法使用自注意力网络嵌入机制在属性网络上高效学习节点嵌入。MixHop 方法提出了一种高阶图卷积架构来学习节点嵌入的邻域混合关系。DeepEmLAN 方法利用多类型属性和语义关系来学习节点嵌入。Pan 等(2021)利用交叉融合层来学习节点嵌入。IEPAN 方法通过归纳嵌入模型来学习部分未知的属性网络嵌入。F-CAN 是一种基于变分自编码器(variational autoencoder，VAE)的节点和属性共嵌入方法。尽管如此，上述方法忽略了时序信息，仅限于处理静态属性网络。本段主要提及的模型如图 1-3 所示。

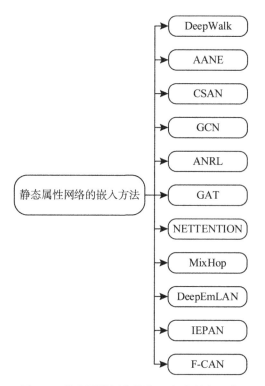

图 1-3 静态属性网络的嵌入方法研究现状

近年来，一些基于深度神经网络的属性网络嵌入方法得到了发展。Meng 等(2019)提出的 SCAN 模型通过使用 GCN 的邻域聚集过程恰当地处理节点的属性特征。CSAN 方法通过变分自编码器算法实现属性网络嵌入。Zhao 等(2022)提出的 HANS 方法通过基于注意力的融合模块和属性来融合节点和层次标签用于网络嵌入。最后，CoANE 方法采用一种卷积机制来进行属性网络嵌入，该卷积机制会考虑网络属性与拓扑结构的特定组合。最近，自监督学习在图学习中取得成功，解决了标签稀缺的问题。NCL 方法将节点的邻居与图结构和语义空间结合成对比样本对，来学习节点嵌入。CVAEs 方法采用了一个带有比对学习的损失函数的离散条件变分自编码器，用于可解释的推荐。

DCRec 方法采用自适应一致性感知增强的方法，使用去偏置对比学习来学习节点嵌入。IDCL 方法使用意向对比学习构建了一个解纠缠图对比学习框架。LightGCL 方法使用奇异值分解生成在图对比学习中鲁棒性更好的推荐模型。本段主要提及的模型如图1-4 所示。

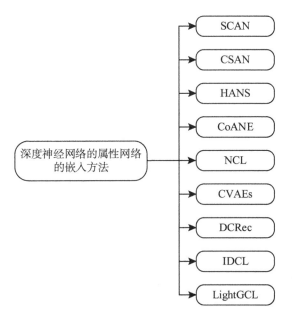

图 1-4 深度神经网络的属性网络嵌入方法研究现状

在过去的几年中，一些考虑离群节点的静态属性网络嵌入方法已被提出，其主要策略类似于在处理离群值时使用的分布鲁棒学习方法（distributionally robust learning, DRL）。Sadeghi 等（2021）利用分布鲁棒性半监督学习来处理节点属性不确定、训练数据分布与测试数据分布不匹配的网络。DR-DSGD 方法使用 Kullback-Leibler 正则化函数来解决规则化的分布鲁棒学习问题。Wang 等（2022）提出使用分布鲁棒优化（distributionally robust optimization，DRO）来对抗观测信号中的不确定性。然而，这些方法也没有考虑网络群落，即节点结构或它们的属性可能偏离它们所属群落的特性。此外，分布鲁棒学习方法通常是一个优化模型而非深度学习模型，并且很少用于网络表示学习。Liang 等（2018）提出了一个半监督算法来检测离群点（semi-supervised embedding in attributed networks with outliers, SEANO），该算法保持了节点的拓扑近似性、属性相似性和标签相似性，可以缓解部分标记的属性网络中离群节点的噪声影响。然而，在现实生活的网络中获得标记数据并不容易。Bandyopadhyay 等（2019）开发了一种无监督算法（outlier aware network embedding, ONE）以减少离群节点的影响，然而这种方法基于矩阵分解限制了其提取高维特征相关性的能力。DONE 方法和 AdONE 方法采用深度自编码器架构以最小化离群点的影响，两种方法分别使用随机梯度下降和对抗学习的方式进行无监督参数更新。尽管如此，在此之前还没有方法明确考虑时序属性网络嵌入中离群节点的影响。此外，由于忽略了时间信息，这些方法都局限于处理静态属性网络。本书第 4 章、第 5 章详细描述了静态属性网络嵌入。本段主要提及的模型如图 1-5 所示。

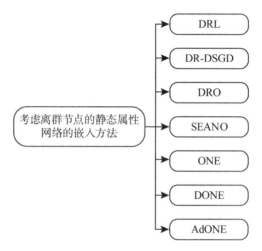

图 1-5　考虑离群节点的静态属性网络嵌入方法研究现状

1.2.2　时序普通网络嵌入

静态网络的网络嵌入已经得到了广泛的研究。由于网络在现实生活中会随着时间不断演化，因此有必要对时序网络的网络嵌入进行研究。一种常见的方法是基于矩阵分解来探索网络的空间拓扑结构，其主要思想是，当前时间戳中的两个节点越近，它们就越有可能在未来的时间戳中形成一个链路。然而，现实网络的演化只考虑空间信息的方法性能可能较差，还有一些其他的方法同时关注空间和时序的演化特征，如 STEP 方法和 LIST 方法。STEP 方法构造了一个高阶近似矩阵序列来捕获节点之间的隐式关系，而 LIST 方法将网络动力学定义为时间的函数，该函数集成了空间拓扑结构和时序演化。然而，因为它们是基于矩阵分解的，所以其提取高维特征相关性的能力有限。近年来，基于神经网络的嵌入方法在链路预测和节点分类方面取得了巨大的成就。动态三联体 DynamicTriad 方法使用三重闭合过程机制来保留给定网络的拓扑和时序信息。tNodeEmbed 方法提出了一个联合损失函数用以学习时序网络的节点和边随时序的演化。T-GCN 方法结合了门控循环单元（Gated Recurrent Unit，GRU）和 GCN 方法，以同时学习时序网络的时空依赖性，以便用于交通预测。DCRNN 方法采用编码器-解码器架构，该架构采用双向图随机游走来形成空间依赖性，并且采用循环神经网络捕获时序依赖性。STGCN 方法通过时空卷积块集成了图形卷积和门控时序卷积来捕获时空特征。DySAT 模型通过堆叠时序注意层来学习节点表示，该模型通过结合自注意力以及结构邻域和时序动态的两个维度来计算节点表示。而 dyngraph2vec 方法利用由密集层和循环层所构成的深度架构来学习网络中的时序过渡，学习动态图中的演化结构并可以预测隐藏的链路。NetWalk 方法是一种灵活的深度嵌入方法，它使用改进的随机游走来提取时空特征。然而，这些方法并不能学习不同跳点和快照下邻居的混合时空特征表示。Hou 等（2021）利用变化程度来学习具有鲁棒性的动态网络嵌入（dynamic network embedding，DNE）。Qi 等（2022）利用增量特征值分解技术来学习动态网络嵌入。然而，这些方法侧重于普通网络拓扑结构，而忽略了时序网络的网络属性信息，导致下游应用性能不足。在现实生活中，时序网络中的节点总是包含丰富的属性信息，因此这些方法对时序网络的表示能力仍然不够。本段主要提及的模型如图 1-6 所示。本书第 3 章、第 4 章详细描述了时序普通网络的嵌入。

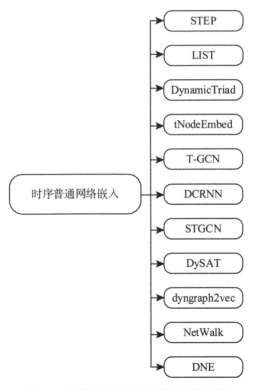

图 1-6　时序普通网络嵌入方法研究现状

1.2.3　时序属性网络嵌入

动态环境中的属性网络嵌入(dynamic attributed network embedding，DANE)采用矩阵扰动理论来学习时序网络中的属性网络嵌入。动态属性网络的流式链路预测(streaming link prediction on dynamic attributed networks，SLIDE)保留矩阵中最重要的特征来近似原始矩阵从而学习时序属性网络上的节点嵌入。尽管如此，真实网络往往很大且稀疏，使用矩阵分解的方法可能导致计算成本较高。动态用户和词嵌入模型提出了一个动态词和用户嵌入框架来跟踪随时序变化的语义表示，然而，该模型是一个浅层架构，其提取非线性特征的能力有限，因此，在属性网络嵌入方面，基于神经网络采用深度模型扩展方法是至关重要的。DySAT 方法通过结构邻域和时序动态的自注意力来学习节点表示。TemporalGAT 方法采用 GATs 方法和时序卷积网络(temporal convolutional networks，TCN)来学习时序网络表示。终身动态属性网络嵌入(lifelong dynamic attributed network embedding，LDANE)考虑网络规模的增长，扩展了深度神经网络以适应时序属性网络。动态属性网络的共嵌入模型(co-embedding model for dynamic attributed networks，CDAN)提出了一种变分自编码算法，以随时序的变化学习节点和属性的嵌入。保持模态的时间偏移网络(motifpreserving temporal shift network，MTSN)借助高阶结构与时间演变，能够通过保持模态的编码器捕获局部高阶的结构邻近性和节点属性，并通过时间偏移操作捕获动态属性网络中的时间动态。SLIDE 方法在时序属性网络嵌入中使用矩阵草图策略。Toffee 方法利用张量-张量积操作符，通过张量分解对跨时间的信息进行编码，以捕获演化网络中的周期性变化。RDAM 方法提出了一种基于强化学习的时序属性矩阵表示方法用于网络嵌入。TPANE 方法利用时序路径邻接度量来捕捉边缘之间的时序依赖性。DyHNE 方法利用基于元路径的多阶关系来捕获网络中的语义和结构。然而，矩阵分解方法可能会由于现实生活中的网络稀疏且规模较大带来较高的计算成本。此外，社交科学理论显示，节点属性可以被整合到网络拓扑结构中，以提高许多下游应用的性能。然而，上述方法没有考虑到将属性特征与拓扑特征结合起来，因此它们的特征表示能力有所不足，因此，使用属性特征来理解网络的复杂行为是必要的。

LDANE 方法是一个终身学习框架，它能自动扩展深度神经网络以捕获属性时序网络的高度非线性特征。CDAN 方法通过学习低维嵌入来捕捉节点与属性之间的亲缘关系。TVAE 方法采用变分自编码器来检测时序网络的位移。DynGNN 方法将循环神经网络嵌入图神经网络，以捕获更细粒度的网络演化。GTEA 方法以自监督的形式聚合邻域特征和相应的边缘嵌入，并用于时序图学习。CLDG 方法采用对比学习过程，在无监督场景下学习时序图上的节点嵌入。然而,上述方法在学习时序属性网络的节点嵌入时都忽略了离群节点,因此,有必要考虑离群节点以深入理解时序属性网络的复杂性。

　　DUWE 方法采用了一种动态用户和单词嵌入模型,用于追踪用户和单词随时间变化的语义表示。NetWalk 方法通过团嵌入将时序网络的节点编码为向量。T-GCN 方法结合了门控循环单元和图卷积网络,用于捕捉交通预测中的时空特征。受社交科学理论的启发,节点属性可以作为补充内容被整合到网络拓扑结构中,以增强特征表示的能力。本节主要提及的模型如图 1-7 所示。本书第 4 章、第 5 章详细描述了时序属性网络的嵌入。

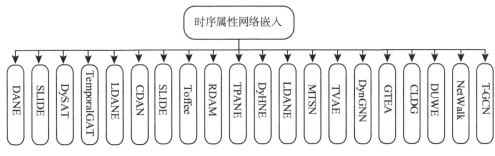

图 1-7　时序属性网络嵌入方法研究现状

1.2.4　时序网络链路预测

　　静态网络中的链路预测已经得到了广泛的研究。由于网络在现实生活中随着时序的推移而不断演化,因此研究时序网络中的链路预测十分必要。一种常见的方法是利用各种拓扑相似性,如共同邻居 ARIMA、T-Flow、HPLP 等。Güneş 等(2016)定义了一个时间序列模型来预测节点之间未来的相似性分数值。T-Flow 方法利用链路活跃度来计算节点之间的信息流。HPLP 方法将各种拓扑信息(节点度和常见链路预测因子)整合到随机森林分类框架中,以进行有监督的链路预测。然而,这些方法只能捕捉到部分特征,无法捕捉到时序网络的隐藏特征。存在另一类基于矩阵分解来探索网络空间拓扑结构的方法,包括 BCGD、dyngraph2vec、TKatz,其主要思想是,当前快照中两个节点越接近,它们在近期快照中形成链路的可能性就越大。然而,现实生活中的网络通常是不断演变的,仅考虑空间信息的方法在链路预测方面可能效率低下。还有一些方法侧重于空间和时序演变特征,如 SETP 和 LIST。SETP 方法构建了一个高阶近似矩阵序列来捕捉节点之间的隐含关系,而 LIST 方法将网络动力学定义为时间的函数,整合了每个时间戳的网络空间拓扑结构和时序网络演变，由于它们仍然基于矩阵分解算法，提取高维特征相关性的能力都有限。Sharan 等(2008)总结了时序网络中与预测链路相关的矩阵。Yu 等(2017)提出了一种正则化的非负矩阵分解(non-negative matrix factorization，NMF)算法，该算法提高了链路预测的精度。然而，上述方法都严重依赖冗长且容易出错的手工特征，且现实生活中的网络处于不断发展之中，仅考虑拓扑信息的方法性能较差。一个被称为动态三联体的 DynamicTriad 模型保留了给定网络的拓扑特征和时序演化模式，它模拟了一个由三个相互连接的节点构成的封闭三元组是如何从开放三元组发展而来的，开放三元组的三个顶点中有两个彼此不连接，然而，随着时间的推移，由于网络稀疏性的增加，三元机制的形成变得更加困难，因此这种方法在处理稀疏网络时效果并不好。

近年来，基于神经网络的网络嵌入方法得到了广泛的应用，Perozzi 等(2014)提出将网络中的每个节点嵌入一个低维空间。DDNE 方法在时序网络中对链路预测非常有效。还有许多不同的网络嵌入方法被提出，包括 DeepWalk、node2vec 和 SDNE，然而，这些方法大多集中于静态网络的表示学习，不能直接获得时序网络中的时序特征。ctRBM 方法利用时序网络的时序特征，扩展了标准 RBM 的结构，然而，该模型被认为是一个浅层模型，提取非线性特征的能力有限，因此，有必要扩展基于神经网络的方法，利用深度模型来聚合拓扑和时序特征进行链路预测。DBN 方法对静态网络的每个时间戳的拓扑特征进行了链路预测，该链路预测的结果显示出了良好的泛化能力，然而，该方法仅仅探讨了静态网络在每个时间戳上的拓扑特征，并且在捕获时序依赖性方面能力较弱。Li 等(2018)开发了一种链路预测模型 DDNE，使用受编码器-解码器grConv 方法(该方法用于机器翻译问题)启发的 GRUs 捕获拓扑和时序特征，然而，该模型的输入是网络的邻接矩阵，会产生较高的计算成本。Chen 等(2019)开发了一个端到端 E-LSTM-D 模型，将一个堆叠的 LSTM 集成到编码器-解码器的架构中，为了解决稀疏性问题，它对目标中存在链路的情况施加了更多惩罚，然而，这个模型的输入仍然是网络的邻接矩阵。T-GCN 方法将图卷积网络 GCN(用于捕捉空间依赖性)与门控循环单元 GRU(用于捕捉时序依赖性)相结合。tNodeEmbed 方法采用了一个联合损失函数，通过学习组合节点的历史时序嵌入来创建节点的时序嵌入，从而学习时序网络的节点和边随时间的演变。DCRNN 采用编码器-解码器架构，使用双向图随机游走对空间依赖性进行建模，并使用循环神经网络捕捉时序依赖性。STGCN 方法通过将图卷积和门控时序卷积集成到时空卷积块中，来捕捉数据的时空特征。DySAT 方法在结构注意力层之上堆叠时序注意力层来学习节点表示，它通过联合自注意力以及结构邻域和时间动态两个维度计算节点表示。NetWalk 方法是一种灵活的深度嵌入方法，它使用改进的随机游走来提取网络的拓扑和时序特征。该方法通过团嵌入的方式，随着网络的演化动态更新网络表示。然而，这些方法都没有考虑结合先前的快照，以加权的方式为当前快照的每个节点提取时空特征，其中：①距离当前节点跳数越小的节点对当前节点的空间特征贡献更大；②与当前快照更接近的快照对当前快照的时序特征贡献更大。因此，这些方法对时序网络的表示能力仍然不足。本节主要提及的模型如图1-8所示。本书第6章、第7章详细描述了时序网络链路预测。

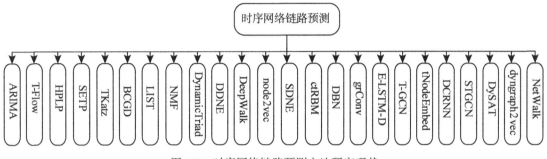

图 1-8　时序网络链路预测方法研究现状

1.2.5 同构网络嵌入

本节将介绍同构网络嵌入，它分为静态同构网络嵌入和时序同构网络嵌入两种类型。这里讨论的同构网络不包含属性信息，与之前介绍的内容有所不同。关于同构网络嵌入的详细方法，将在本书第8章中阐述。

1. 静态同构网络嵌入

静态同构网络嵌入已被广泛研究。Zhu 等（2007）提出使用矩阵分解结合节点属性和链路来学习嵌入向量。Yang 等（2015）也采用矩阵分解，将 DeepWalk 方法和相关文本属性纳入网络嵌入过程。AANE 方法应用图拉普拉斯技术嵌入属性和网络拓扑。NECS 方法利用社区结构来学习嵌入并保持网络的高阶近似性。由于上述方法基于矩阵运算，因此它们学习高维非线性特征的能力有限。一些基于深度模型的网络嵌入方法，例如，ANRL 方法和 DAN 方法采用深度神经网络框架来嵌入节点，以学习属性和网络结构中的高维非线性特征。GCN 方法采用高效的卷积滤波器变体来计算拉普拉斯矩阵并学习节点嵌入。GAT 方法在静态网络中使用自注意力层为不同节点分配不同的重要性，该模型利用 GCN 聚合邻域并交互属性。NETTENTION 方法采用生成对抗网络，通过最小化拓扑空间和属性空间中表示分布的差异，有效地融合了这两种类型的信息。WSNN 方法提出了一种逐层加权有向关系的 GNN，可以在不同有向关系定义下聚合节点间的信息。RARE 方法通过角色感知随机游走，保持节点嵌入中的节点近似性和结构相似性。然而，这些方法由于忽略了时序信息，所以都局限于处理静态网络。本段主要提及的模型如图 1-9 所示。

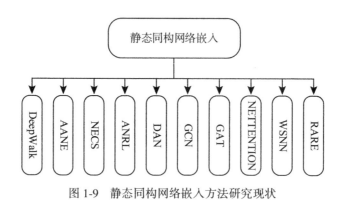

图 1-9　静态同构网络嵌入方法研究现状

2. 时序同构网络嵌入

一些针对时序网络的网络嵌入方法越来越受到关注，这些方法可以学习每个快照中的每个节点在低维非线性空间中的表示。DANE 方法采用矩阵扰动假设来保持时序网络中嵌入向量的新鲜度。SLIDE 方法使用成本效益高的矩阵概略过程来学习时序网络中的节点嵌入。SIP 方法采用空间不变投影使任何基于静态矩阵分解的嵌入方案适用于时序网络。然而，上述基于矩阵分解的方法可能产生高计算成本。DUWE 方法采用了一个动态词和用户嵌入框架来追踪语义表示。CTDNE 方法使用概率模型学习时序方面的嵌入。然而，这些模型是浅层架构，其提取非线性特征的能力有限。NetWalk 方法通过团嵌入编码时序网络中的节点。DHPE 方法保持高阶近似性来学习节点嵌入。DySAT 方法结合结构邻域的自注意力和时序动态来计算节点表示，而 TemporalGAT 方法采用图注意力网络和时间卷积网络来学习时序网络表示中的节点向量。LDANE 方法自动扩展深度神经网络以学习节点的高度非线性特性。LPROBIN 方法使用增量学习捕获网络演化以进行链路预测。DNETC 方法设计了一种时序网络嵌入方法，以保留三元闭包演化和团结构。然而，上述方法是同构网络嵌入方法，在学习时序网络的节点嵌入时忽略了异构性。本段主要提及的模型如图 1-10 所示。

1.2.6 异构网络嵌入

异构网络嵌入可以分为静态异构网络嵌入和时序异构网络嵌入，本书将在第 8 章

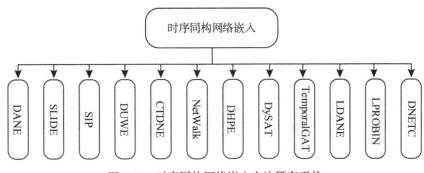

图 1-10 时序同构网络嵌入方法研究现状

详细描述异构网络嵌入。

1. 静态异构网络嵌入

目前，异构静态网络嵌入越来越受到研究者的关注。ESim 方法通过用户定义的元路径引导顶点嵌入。Metapath2vec 方法使用基于元路径的随机游走方法采样异构邻域，并使用词嵌入模型 SkipGram 嵌入节点向量。HINE 方法采用基于元路径的随机游走方法计算节点间的近似性。GATNE 方法通过边的类型将网络分成不同视图来聚合节点嵌入。HetGNN 方法开发了一个神经网络框架来学习异构特征信息。HAN 方法利用节点级和语义级注意来识别邻居节点的重要性，其中节点级注意力学习节点及其基于元路径的邻居之间的重要性，而语义级注意力学习不同元路径的重要性。然而，为异构网络中不同节点类型手动设计元路径需要特定领域的知识，这限制了模型的通用性。MRCGNN 方法采用了一种多关系对比学习的 GCN，用于知识图谱上的链路预测。DeHIN 方法采用了一种用于大规模异构网络嵌入的保留上下文的分区机制。然而，这些框架只关注静态异构网络，忽略了异构网络的时序性。本段主要提及的模型如图 1-11 所示。

2. 时序异构网络嵌入

少数方法如 DyHINE、DyHAN 和 MetaDynaMix 已被提出用于学习异构时序网络嵌入。DHNE 方法构建了一个综合的历史-当前网络以学习时序异构网络中的节点嵌入。MetaDynaMix 方法结合基于元路径的网络拓扑并整合时序网络变化来学习时序演化和网络异构性。DyHINE 方法通过一个动态操作符更新计算的嵌入。MDHNE 方法使用循环神经网络整合演化模式以学习多视图节点嵌入。DyHAN 方法采用层次注意力机制识别不同级别子图聚合的重要性来学习节点向量，但它没有考虑网络的局部高阶关系。DHNR 方法采用了一个基于元路径的时序异构网络嵌入模型。DyHNE 方法使用基于元

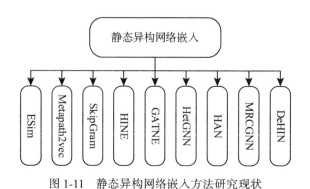

图 1-11　静态异构网络嵌入方法研究现状

路径的多阶关系捕捉异构网络的结构和语义。Lime 方法使用节点间相似的语义关系来学习时序异构网络中的向量嵌入。THGAT 方法通过增强聚合方法捕捉邻居的重要性来学习节点表示。本书将提出的 TemporalHAN 模型与现有的时序异构图嵌入方法的优势进行了比较，如表 1-1 所示。

表 1-1　　　　　　　　**TemporalHAN 与时序异构网络嵌入方法的比较分析**

方法	注意力机制	层次注意力机制	时序近期性
DHNE	✕	✕	✕
MetaDynaMix	✕	✕	✕
DyHINE	✕	✕	✕
MDHNE	✕	✕	✕
DyHAN	✓	✓	✕
DHNR	✕	✕	✕
DyHNE	✕	✕	✕
Lime	✕	✕	✕
THGAT	✓	✕	✕
TemporalHAN	✓	✓	✓

　　然而，大多数现有方法在捕获节点的异构邻居时没有考虑其时序属性以及不同异构邻居节点的不同重要程度。因此，对时序异构网络嵌入的研究仍存在不足之处。

1.2.7　多关系图学习

　　多关系图学习可以分为基于图卷积网络的多关系图学习和基于图对比学习的多关

系图学习，本书将在第 9 章详细描述多关系图学习。

1. 基于图卷积网络的多关系图学习

近年来，基于 GCN 的多关系图学习在学习超关系知识图谱(KGs)上的实体和关系表示方面表现出了优异的性能，它将 GCN 扩展到处理多关系图，并基于消息传递机制学习 KGs 的嵌入。例如，RGCN 方法采用了一种关系 GCN 来解决 KGs 的高度多关系数据特征，SACN 方法采用利用节点结构、节点属性和边关系类型的加权图卷积网络编码器和卷积网络解码器进行知识库完善。VR-GCN 方法采用了一种矢量化的关系 GCN，用于同时嵌入多关系图的实体和关系。CompGCN 方法采用多种基于 GCN 架构的实体-关系组合操作来学习 KGs 中的实体和关系，MBGMN 方法通过整合多种行为模式，构建了一种专门用于多行为推荐的图元网络。为了有效预测药物之间的相互作用，TrimNet-DDI 方法利用 TrimNet 学习药物嵌入进行多关系药物之间的相互作用事件预测(DDI 事件预测)。MUFFIN 方法利用深度学习模型融合多尺度药物特征，学习药物嵌入，用于预测 DDI 事件。NMuR 对多关系图 MuR 提出的非线性双曲规范化进行多关系推理。ERGCN 方法引入了一种包含实体卷积和关系卷积的关系感知 GCN，用于嵌入实体和关系，以实现多关系网络对齐。然而，这些方法忽略了多关系图的注意力机制。本段主要提及的模型如图 1-12 所示。

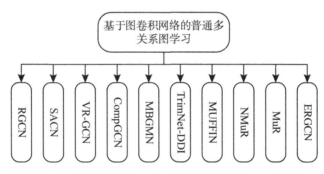

图 1-12　基于图卷积网络的普通多关系图学习方法研究现状

一些考虑注意力机制的多关系图学习模型也出现了。A2N 方法采用了一种新的基于注意力的策略，将查询依赖的实体表示嵌入 KGs。GTN 方法引入了自适应加权消息传递来编码 KGs 中的实体和关系。KBAT 方法利用实体和关系特征构建了一个基于注意力的特征嵌入框架，用于关系预测。GGPN 方法提出了一种新的多关系图高斯过程网络，用于多关系图表示学习。SSIDDI 方法采用多个注意力机制的 GAT 层和一个共同关注来学习 DDI 事件预测的嵌入。MRGAT 方法引入了一个多关系图注意力网络来学习不同邻居对知识图补全的重要性。DanSmp 方法引入了一种基于双关注网络的双类型混合关系市场知识图谱，用于预测股票走势。HyperFormer 方法利用局部级的顺序信息，通过多头关注对三元组的实体、关系和限定词的内容进行编码，以完善知识图谱。NYLON 方法引入了元素的置信度，通过测量每个实体或超关联事实关系的细粒度置信度，用于链路预测。然而，以上这些方法都没有考虑层级注意力，无法学习到目标实体在不同关系下不同实体的不同重要程度。KHGT 方法引入了一种知识增强的分层图 transformer 网络，用于多行为推荐。DHAN 方法设计了一种包括类型内注意和类型间注意的分层注意力架构，用于学习双类型多关系图中相同类型的节点和不同类型的邻居节点。HAHE 方法介绍了 KGs 学习中的全局级注意力和局部级注意力机制。然而，这些基于 GCN 的知识图谱模型是以监督方式进行训练的，这使得它们在处理未标记的图数据时能力有限。本段主要提及的模型如图 1-13 所示。

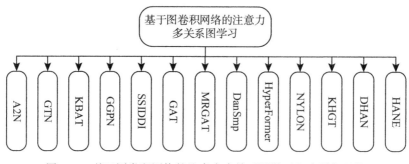

图 1-13 基于图卷积网络的注意力多关系图学习方法研究现状

2. 基于图对比学习的多关系图学习

基于 GCL 的模型旨在通过不同的图形增强来生成具有差异的图形增强视图。一些节点级增强方法随机扰动图拓扑来生成增强视图，如 SGL、SimGCL、NCL 等方法。然而，节点级增强方法可能会丢失重要的边，并可能严重破坏图的拓扑结构，进而影响下游任务的性能，为此，一些特征级增强方法应运而生。例如，DGI 方法对节点属性进行逐行打乱以增强原始图，而 GRACE 方法通过去除边和屏蔽属性来破坏图结构，从而实现数据增强。为了改进 GRACE，GCA 方法分配了不同的概率来自适应地移除边和掩码属性以进行数据增强。近年来的研究将对比学习（contrast learning，CL）引入到多关系图学习中来处理自监督信号的标记稀疏性问题。例如，NC-KGE 方法引入了一种基于节点的 CL 方法用于知识图谱学习。CMGNN 方法编码了包含连接邻居的两个视图和一个知识图谱扩散，用于多模态知识图学习。VMCL 方法设计了两个跨实体和元 KGs 的 CL 目标来模拟归纳知识图谱嵌入的传递模式。为了有效地进行多关系推荐，

CKGC 方法开发了一种基于描述属性和结构连接的跨模态 KGs 对比学习方法。KGCL 方法采用了一种对比学习模型，可以缓解使用推荐增强知识图谱的信息噪声。CML 方法采用了一种用于推荐系统的多行为对比学习模型。RCL 对多关系推荐系统进行了行为层面的增强。此外，还出现了知识图谱学习模型的一些其他应用领域。例如，ConvQA 方法采用了一种对比学习方法，对对话式问答的 KGs 路径进行排序。MRCGNN 通过随机洗牌边关系和节点特征生成两种对比视图，用于多关系药物-药物相互作用事件预测。KRACL 方法利用对比损失和交叉熵损失来缓解 KGs 在稀疏知识图谱补全中的稀疏性。然而，大多数现有模型主要利用人为设计的图形增强来处理特定领域的数据集。它们对来自不同领域的知识图谱数据集的适用性相当有限。本段主要提及的模型如图 1-14 所示。

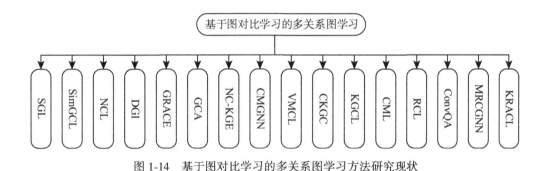

图 1-14 基于图对比学习的多关系图学习方法研究现状

1.2.8 时序异构网络链路预测

时序异构网络的链路预测是指在多节点类型和多链路边类型的基础上，结合时序信息预测网络中节点间可能形成的链路，本书将在第 10 章详细描述时序异构网络链路预测。

同构网络链路预测已经得到了广泛的研究。早期的研究 PropFlow 方法和 LFR 方法认为，两个节点之间形成连接的概率是它们拓扑相似性的函数。然而这些方法都无法直接应用于异构网络。一些研究学者已经开始探索在静态异构网络中进行关系预测的技术。HetGNN 方法采用一种包含两个模块的神经网络架构，聚合采样的相邻节点的特征信息，用于异构静态网络嵌入。Np-Glm 方法利用元路径在时序异构网络中进行特征提取。PathPredict 方法采用诸如共同邻居和优先连接等拓扑特征进行关系预测。Sun 等(2011)采用 WeiBull 模型预测异构网络中的关系时间。ESim 方法采用用户定义的元路径来指导大规模静态异构网络中的节点嵌入。Metapath2vec 方法使用基于元路径的随机漫步对异构邻居进行采样，并使用 skip-gram 模型嵌入节点向量。S-Rank 框架采用全局结构信息、局部结构信息和属性信息作用于关系预测的排序任务。RESD 方法采用了一种带有注意力机制模型的异构图用于药物-靶点相互作用预测，即关系预测。GHCF 方法进一步改进了图卷积网络以学习电子商务网络中用户和商品节点的表示，用于多关系预测。然而，它们在关系预测中都没有考虑动态性。本段主要提及的模型如图 1-15 所示。

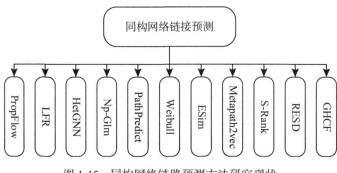

图 1-15　同构网络链路预测方法研究现状

一些学者提出了时序网络中的关系预测。DANE 方法采用矩阵摄动假设来保持时序网络中嵌入的新鲜度。DHPE 方法将奇异值分解推广到广义特征值问题，以在同构时序网络嵌入中保留高阶近似性关系。LDANE 方法自动扩展深度神经网络以学习高度非线性的节点。CDAN 方法学习节点和属性的高斯嵌入以捕捉节点和属性之间的演化模式和亲和性。MetaDyGNN 方法使用分层的节点级和时间间隔级元学习器进行动态关系预测。M-DCN 方法采用了一种多尺度动态卷积网络模型用于知识图谱嵌入以进行链路预测。然而，它们在关系预测中都没有考虑网络的异构性。本段主要提及的模型如图 1-16 所示。

MetaDynaMix、DyHINE、MDHNE 和 DyHAN 等几种方法被提出用于学习异构时序网络嵌入以进行关系预测。MetaDynaMix 方法结合了基于元路径的拓扑特征和包含时间网络变化的潜在特征，以捕获网络异构性和时间演化。DyHINE 方法采用在线实时更新模块和动态时间序列嵌入模块，通过动态算子有效地更新计算的嵌入。MDHNE 方法将异构时序网络转化为一系列对应于不同视图的同构网络，并应用递归神经网络结合演化模式，从多个视图中学习节点表示。DyHAN 方法使用分层注意层来捕捉不同层次聚合对异构时态网络嵌入的重要性。TimeSage 方法将加权时序信息融合到网络嵌入方法中，用于时序异构网络中的关系预测。THINE 方法采用霍克斯过程同时模拟网络的演化以进行关系预测。HINTS 方法将来自异构信息网络快照序列的引用信号转换

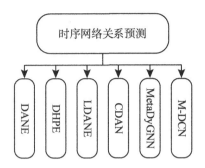

图 1-16　时序网络关系预测方法研究现状

为引用时间序列，以进行未来引用时间序列预测。DyHNE 方法利用基于元路径的一阶和二阶近似来保持时间异构网络嵌入的结构和语义。然而，它们都没有考虑利用关系感知异构图神经网络持续整合时间演化信息来进行时序异构网络中的关系预测。本段主要提及的模型如图 1-17 所示。

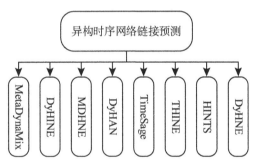

图 1-17　异构时序网络链路预测方法研究现状

1.3　本书研究工作介绍

本书针对目前基于图神经网络的网络表示学习存在的一些问题，在已有方法的基础上展开讨论与验证，以注意力机制和图对比学习为切入点，以图神经网络和网络表示学习为基础，重点研究并提出了网络的嵌入方法、链路预测方法和对比学习方法，研究框架如图1-18所示。本书进行的研究工作主要包括：

（1）之前的方法在处理动态图时，未能充分考虑学习不同跳点和快照下邻居的混合时空特征表示，这可能导致时序网络的表示能力不足。为此，本书将时序和高阶处理融入图卷积网络架构，提出了一种用于时序网络分层嵌入的时空高阶图卷积网络模

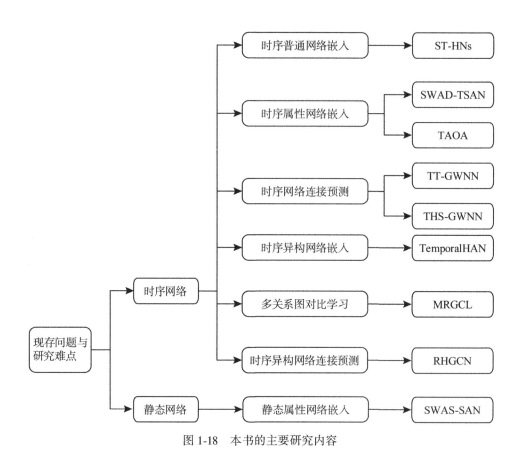

图 1-18 本书的主要研究内容

型（spatial-temporal higher-order graph convolutional network framework，ST-HN）。首先，本书提出了一个 ST-HN 模型来执行时序网络嵌入，该模型对高阶图卷积结构（higher-order graph convolution architectures via sparsified neighborhood mixing，MixHop）进行了改进，通过分层聚合时序和空间特征，可以更好地学习邻居在不同跳点和快照下的混合时空特征表示，进一步增强每个网络快照的时序依赖性。其次，本书提出了一种基于时空特征提取的 THRW 方法，该方法采用随机游走的策略从当前快照到之前快照对当前节点 v 的邻居节点进行采样，该策略可以很好地提取网络的时空特征，它还包含了一个衰减系数，为更近的快照分配更长的游走路径，这可以更好地保持时序网络的演化行为。最后，本书进行了大量的链路预测实验，实验结果表明，本书的 ST-HN 方法始终优于一些先进的对比模型。

（2）传统的静态属性网络嵌入方法在处理动态场景时会忽略时序信息；传统的时序普通网络嵌入方法侧重于普通网络拓扑结构，从而忽略网络属性信息，这使得下游应用性能欠佳。此前的时序属性网络嵌入方法未考虑将属性特征整合到拓扑特征中以进行特征提取，所以其特征表示能力不足。针对上述问题，本书首先提出了两种模型，SWAS-SAN 和 SWAD-TSAN，用于在静态和时序属性网络中进行节点嵌入。这两种模型均将网络拓扑与节点属性相结合，共同学习 SAN 中节点对之间的重要性系数，有效展示了网络的拓扑关系。其次，本书提出了两种基于高阶权重和节点属性的随机行走采样算法，用于提取静态和时序属性网络中给定节点的拓扑特征。最后，在静态属性网络的节点分类和时序属性网络的链路预测中的实验结果表明，本书的方法相较于多种对比模型具有竞争力。

(3)在时序属性网络的节点嵌入方面，此前的研究未充分考虑以下两个问题：一是将时序属性网络中的属性信息整合到结构信息里，以解决在特征预处理时出现的结构特征高度稀疏的问题；二是在噪声环境下处理时序属性网络中的离群节点，进而学习鲁棒性更佳的嵌入。对于以上两个问题，本书首先提出了一个新模型 TAOA，用于学习时序属性网络中的节点嵌入，该模型利用一个离群感知的自编码器来建模节点信息，该编码器结合了当前的网络快照和以前的快照，共同学习网络中节点的嵌入向量。其次，本书提出了一个简化的高阶图卷积机制(simplified higher graph convolutional mechanism，SHGC)，用于预处理时序属性网络中每个快照的每个节点的属性特征。SHGC 将属性信息融入链路结构信息中，利用属性信息加强链路结构特征。最后，本书通过节点分类和链路预测的实验，说明了本书提出的模型与各种对比模型相比更具有竞争力。

(4)时序网络的链路预测是分析时序网络的一种重要工具，它可以更好地理解网络演化。此前的时序网络链路预测经过几年的发展，依旧存在未能考虑到的问题，例如：链路预测性能不佳、处理稀疏网络效率较低、计算成本较高、提取特征的能力有限、特征表示能力不足。针对以上问题，本书首先提出了一个模型 TT-GWNN 来执行链路预测时序网络中的运动，该模型采用 GWNN 方法在网络中深度嵌入节点，用图小波代替图拉普拉斯算子的特征向量作为一组基，通过小波变换和卷积定理来定义卷积算子；与传统的图卷积网络(graph convolutional network，GCNs)相比，GWNN 无需对拉普拉斯矩阵进行特征分解，所以其效率更高。其次，本书提出了一种 SWRW 采样算法用于拓扑和时序特征提取，可以有效地捕获时序网络的演化行为，它根据权重系数对给定节点的邻居进行采样，更具体地说，对于当前的快照，SWRW 将其以前的一阶和二阶权值快照合并成一个加权图，并使用一个衰减系数为最近的快照分配更大的权值，这可以更好地保持时序网络的演化权值。最后，本书在 4 个真实世界的数据集上进行了实验，结果 TT-GWNN 始终优于部分先进的对比模型。

(5)传统的时序网络链路预测方法在进行学习和预测时，都未考虑到结合先前快照，以加权的方式为当前快照的每个节点提取时空特征。为了解决上述问题，本书首先提出了一个名为 THS-GWNN 的模型来进行时序网络中的链路预测，该模型采用图小波神经网络（GWNN）对节点进行深度嵌入，能够更好地捕捉时序网络的非线性特征。其次，本书提出了一种时间戳分层采样算法 THS 用于空间和时序特征提取，该算法能够有效地捕捉时序网络的演变行为，它采用当前快照的 K 跳邻居到先前快照的 K 跳邻居作为当前节点 v 采样邻居，能够分层地为节点提取空间和时序特征，它还引入了一个衰减系数，将更多的采样节点分配给跳数更少和更近的快照，从而能够更好地保留时序网络的演变行为。最后，本书在 4 个真实世界的数据集上进行了实验，实验结果表明本书的 THS-GWNN 模型优于一些先进的对比模型。

(6) 传统的网络嵌入在捕获异构邻居时，未能考虑到节点的异构邻居的时序近因，无法充分显示网络语义的关系，并且大多数现有方法忽略了不同异构邻居节点的不同重要性。为了解决上述问题，本书首先引入了一种基于层次注意力的 TCN 异构时序神经网络嵌入方法 TemporalHAN（temporal hierarchical attention network），用于学习异构时序网络中的节点嵌入，该方法包含节点级和语义级注意力，能够同时识别特定节点类型和多节点类型的随机游走异构邻居的重要性。其次，本书提出了一种新的随机游走算法，用于为每个快照中不同类型的节点采样强连接的异构邻居，并按节点类型进行分组。此外，该算法使用一个衰减系数确保更近的快照分配更多的随机游走步骤，可以有效地学习异构时序网络的演变信息。

(7) 尽管之前的多关系图学习方法已经不断改进和总结，但仍然存在以下两个问题：一是这些方法着重关注的是关系类型有限的图学习；二是当前的研究尚未考虑设计一种利用局部邻居关系生成每个锚点正样本对的对比损失函数策略，以实现高质量的节点学习。针对于上述问题，本书首先提出了一种有效的多关系图学习方法 MRGCL，引入了 MGHAN 架构，用于学习实体之间不同层次的重要性，以提取局部图依赖性。其次，本书提出的变体 MGHAN 进行了对比增强，可以保持任务相关信息的完整性并自适应多种领域特定的知识图谱数据集。最后，本书设计了一个子图对比损失函数，为每个锚点生成正样本对，这样能够提取锚点的局部高阶关系，实现高质量的节点学习。

(8) 目前的同构网络链路预测忽略了时序异构网络中边交互的时序近期性，本书的一项实验显示，只有纳入近期连续时间片的边而非整个时序网络的边，才能获得相对更好的预测性能。对此，本书首先提出了一种用于时序异构网络关系预测的新架构 RHGCN，该架构利用关系感知异构图卷积网络来学习特定节点类型的不同关系。其次，本书提出了一种 CTHN 算法来捕捉特定节点类型在上下文中的连续时间交互。它能够捕捉近期交互的演化模式，并为时序异构网络中的每个节点收集强相关的异构邻居。最后，本书评估了所提出的模型在 3 个真实世界的时序异构网络上的性能，结果表明，与现有的先进技术方法相比，该模型在预测准确性和效率方面的性能显著提高。

☑ 本章小结

首先，讨论和分析了关于图神经网络、网络表示学习、多关系图对比学习和深层自编码架构的研究背景与研究意义；其次，对图神经网络、网络表示学习、多关系图对比学习和深层自编码架构的国内外研究现状进行了综述和分析，并总结了当前研究中存在的若干问题和缺陷；最后，通过框图的形式描绘了本书的整体研究思路和主要研究内容。

第2章 相关理论与技术

2.1 网络表示学习概述

图表示学习是一种用于学习网络中顶点和边的隐藏表示的方法，具体来说，图表示学习主要是指在图或网络中为顶点和边找到有效的数学表示方法。本书将图表示学习分为静态图表示学习和动态图表示学习，其中静态图表示学习以 DeepWalk（perozzi et al.，2014）模型为例说明，而动态图表示学习以 TemporalGAT（Fathy et al.，2020）模型为例说明。

2.1.1 静态图表示学习

静态图表示学习像语言建模算法一样，所需的唯一输入是一个语料库和一个词汇表 v。DeepWalk 将一组短的截断随机游走作为自己的语料库，将图的顶点作为自己的词汇表（$v=V$）。虽然在训练前了解 v 和随机游走中顶点的频率分布是有益的，但这并非算法工作所必需的。

该算法由两个主要部分构成：首先是随机游走生成器，其次是更新程序。随机游走生成器接收一个图 G 并均匀抽样一个随机顶点 v_i 作为随机游走 W_{v_i} 的起点。在一条游走路径中，从最后访问的顶点的邻居中均匀抽样，直到达到最大长度（t）。虽然实验中设置随机游走的长度为固定值，但实际中随机游走的长度并无严格限制必须相同，随机游走的长度可以根据情景不同。这些游走可能有重启（即返回其根节点的概率），但初步结果并未显示使用重启之后的优势。在实践中，指定从每个顶点开始的随机游走数量 γ 和长度 t。

表 2-1 列出算法 1，其中第 3~9 行展示了该模型的核心。外部循环指定该模型应该在每个顶点开始随机游走的次数为 γ。每次迭代视为对数据进行一次"遍历"，并在此遍历期间为每个节点抽样一次游走。在每次遍历开始时，该模型利用表 2-1 算法 1

中的 Shuffle 函数生成一个随机顺序 O 来遍历顶点，这可以加速随机梯度下降的收敛。

表 2-1 　　　　　　　　　　　　　　　算　法　1

算法 1：DEEPWALK (G, w, d, γ, t)

输入：图 $G(V, E)$

　　　窗口尺寸 w

　　　嵌入尺寸 d

　　　每个顶点的游走次数 γ

　　　游走路径长度 t

输出：顶点表示的矩阵 $\boldsymbol{\Phi} \in \mathbf{R}^{|V| \times d}$

1 初始化：从中均匀分布 $u^{|V| \times d}$ 中采样顶点表示矩阵 $\boldsymbol{\Phi}$

2 从顶点集 V 中创建一棵二叉树 T

3 for $i = 0$ to γ do

4 　　$O = $ Shuffle(V)

5 　　for each $v_i \in O$ do

6 　　　　$W_{v_i} = $ RandomWalk(G, v_i, t)

7 　　　　SkipGram$(\boldsymbol{\Phi}, W_{v_i}, w)$

8 　　end for

9 end for

在内部循环中，该模型遍历图的所有顶点。对于每个顶点 v_i，生成一个随机游走路径的长度 $|W_{v_i}| = t$，然后使用它来更新表示（第7行）。然后，该模型使用 SkipGram 算法来更新这些表示，以符合式(2-1)中的目标函数。

SkipGram 是一种语言模型，它最大化了句子中一个窗口 w 内出现的单词之间的共现概率。它使用独立性假设来近似式(2-1)中的条件概率，如下所示：

$$\Pr(\{v_{i-w}, \cdots, v_{i+w}\} \setminus v_i \mid \boldsymbol{\Phi}(v_i)) = \prod_{\substack{j=i-w \\ j \neq i}}^{i+w} \Pr(v_j \mid \boldsymbol{\Phi}(v_i)) \tag{2-1}$$

表 2-2 列出算法 2，遍历随机游走中在窗口 w 内出现的所有可能的搭配（第1~2行）。对于每一个窗口，该模型将每个顶点 v_j 映射到它当前的表示向量 $\boldsymbol{\Phi}(v_j) \in \mathbf{R}^d$，如图 2-1 所示，其中 u_k 表示上下文顶点。给定 v_j 的表示，要最大化其在游走中邻居的概率（第3行），可以使用几种选择的分类器来学习这样一个后验分布。为了减少所需的计算资源并加速训练时间，该模型采用分层 Softmax 来近似概率分布。

表2-2　　　　　　　　　　　　　　　　　　算　法　2

算法 2：SKipGram（$\boldsymbol{\Phi}$，W_{v_i}，w）

1　　for each $v_j \in W_{v_i}$ do

2　　　　for each $v_k \in W_{v_i}[j-w:j+w]$ do

3　　　　　　$J(\boldsymbol{\Phi}) = -\log\mathrm{Pr}(u_k \mid \boldsymbol{\Phi}(v_j))$

4　　　　　　$\boldsymbol{\Phi} = \boldsymbol{\Phi} - \alpha * \dfrac{\partial J}{\partial \boldsymbol{\Phi}}$

5　　　　end for

6　　end for

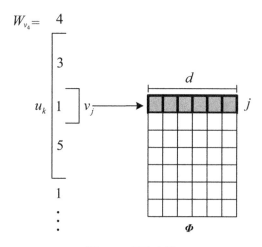

图 2-1　表示映射

鉴于 $u_k \in V$，在表 2-2 算法 2 的第 3 行计算 $\mathrm{Pr}(u_k \mid \boldsymbol{\Phi}(v_j))$ 是不可行的。计算分割函数（归一化因子）代价昂贵，因此该模型使用分层 Softmax 来分解条件概率。该模型将顶点分配到二叉树的叶子上，将预测问题转化为最大化层级中特定路径的概率，即概率最大的作为预测结果，如图 2-2 所示。若通往作为二叉树叶子节点的顶点 u_k 的路径由一系列树分支节点与叶子节点（b_0，b_1，$\cdots$，$b_{\lceil \log|V| \rceil}$）标识（$b_0 = \mathrm{root}$，$b_{\lceil \log|V| \rceil} = u_k$），则：

$$\mathrm{Pr}(u_k \mid \boldsymbol{\Phi}(v_j)) = \prod_{l=1}^{\lceil \log|V| \rceil} \mathrm{Pr}(b_l \mid \boldsymbol{\Phi}(v_j)) \tag{2-2}$$

现在，$\mathrm{Pr}(u_k \mid \boldsymbol{\Phi}(v_j))$ 可以通过分配给节点 b_l 的父节点的二元分类器来建模，如下式所示：

$$\mathrm{Pr}(b_l \mid \boldsymbol{\Phi}(v_j)) = 1/(1 + \mathrm{e}^{-\boldsymbol{\Phi}(v_j) \cdot \boldsymbol{\Psi}(b_l)}) \tag{2-3}$$

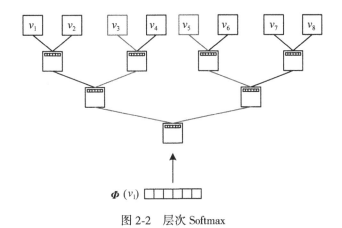

图 2-2 层次 Softmax

其中，$\Psi(b_l) \in \mathbf{R}^d$ 是分配给树节点 b_l 的父节点的表示，此处可以将 $\Psi(b_l)$ 看作二叉树中权重的表示，$e^{-\Phi(v_j) \cdot \Psi(b_l)}$ 用于将线性分数转换为（0，1）的概率。这将计算 $\Pr(u_k \mid \Phi(v_j))$ 的复杂度从 $O(|V|)$ 降低到 $O(\log|V|)$，因为理想状态下，二叉树是平衡的。

模型参数集为 $\theta = \{\Phi, \Psi\}$，其中每个的大小为 $O(d|V|)$。使用随机梯度下降（stochastic gradient descent，SGD）来优化这些参数，如算法 2 的第 4 行所示（表 2-2）。导数使用反向传播算法估计。SGD 的学习率 α 最初设置为训练开始时的 2.5%，然后随着顶点数量线性减少。

2.1.2 动态图表示学习

TemporalGAT 模型旨在解决动态图表示学习的问题。动态图 G 表示为一系列图快照 G_1，G_2，$\cdots$，G，从时间戳 1 到 T。在特定时间 t 的图由 $G_t = (V_t, E_t, F_t)$ 表示，其中 V_t、E_t 和 F_t 分别代表图的节点、边和特征。动态图表示学习的目标是为图中的每个节点 $v \in V$ 在每个时间步（$t = 1$，2，$\cdots$，T）学习有效的隐藏表示。学到的节点表示应该能够有效地保持任何时间步 t 的所有节点 $v \in V$ 的图结构。

下面将介绍 TemporalGAT 框架，如图 2-3 所示。通过 GATs 和 TCNs 网络来学习动态图的表示，以提升模型在捕捉动态图中的时间演化模式的能力。该模型采用多头图注意力和 TCNs 作为一种特殊的循环结构来提高模型效率。TCNs 可以接受任意长度的序列，并将其映射到特定长度的输出序列，这在动态图中非常有效，因为邻接矩阵和特征矩阵的大小可能会变化。

输入的图快照被应用到 GAT 层，该层具有扩张的因果卷积，以确保未来的信息不

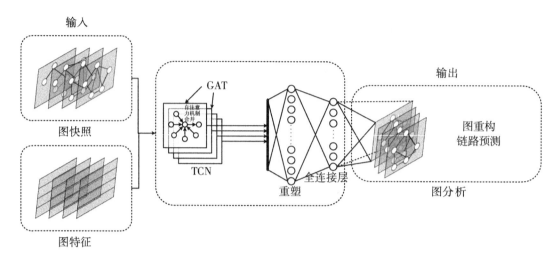

图 2-3 TemporalGAT 框架图

会泄露到过去的图快照中。形式上，对于输入向量 $\boldsymbol{x} \in \mathbf{R}^n$ 和滤波器 $\boldsymbol{f}$：$\{0, 1, \cdots, k-1\}$，经过扩张卷积操作 $\text{Conv}_d(u)$ 后输入向量 $\boldsymbol{x}$ 在元素 u 上值的定义为

$$\text{Conv}_d(u) = (\boldsymbol{x} *_d \boldsymbol{f})(u) = \sum_{i=0}^{k-1} \boldsymbol{f}(i) \cdot \boldsymbol{x}_{u-d \cdot i} \tag{2-4}$$

其中，d 是扩张因子，意味着输入元素的采样范围扩大，k 是滤波器大小，$(u-d \cdot i)$ 表示输入向量 $\boldsymbol{x}$ 在位置 $(u-d \cdot i)$ 位置的元素，这样可以控制滤波器采样输入向量的范围。该公式结合了输入数据的局部区域，通过滤波器权重赋予不同位置不同的重要性。使用大的扩张因子时，最高级别的输出可以代表更广泛的输入范围，从而有效地扩展了卷积网络的感受野。扩张因子是一个整数，它定义了两个卷积核中相邻两个元素之间的空间间隔，当扩张因子为 1 时，扩张卷积就是常规的卷积；当扩张因子大于 1 时，卷积核会在原始输入数据上以更大的步长采样，覆盖更加广泛的区域。因此，通过设置较大的扩张因子，在生成最终的快照时，可以将更早之前的快照信息整合到最终的快照中。

单个 GAT 层的输入是图快照(邻接矩阵)和图特征或每个节点的独热编码向量。输出是跨时间的节点表示，捕捉局部结构和时序属性。GAT 中的自注意力层通过对节点特征应用自注意力，关注每个节点的直接邻居。每个图快照都应用了扩张卷积：

$$\boldsymbol{h}_u = \sigma \left(\sum_{v \in N_u} \alpha_{vu} \boldsymbol{W}_d \boldsymbol{x}_v \right) \tag{2-5}$$

其中，$\boldsymbol{h}_u$ 是节点 u 学到的隐藏表示，σ 是非线性激活函数，N_u 表示 u 的直接邻居，$\boldsymbol{W}_d$ 是扩张卷积的共享变换权重，$\boldsymbol{x}_v$ 是节点 v 的输入表示向量，α_{vu} 是通过注意力机制学到的系数，定义为

$$\alpha_{vu} = \frac{\exp(\sigma(A_{vu} \cdot a^{\mathrm{T}}[W_d x_v \parallel W_d x_u]))}{\sum\limits_{w \in N_u} \exp(\sigma(A_{wu} \cdot a^{\mathrm{T}}[W_d x_w \parallel W_d x_u]))} \tag{2-6}$$

其中，A_{vu} 是邻接矩阵中 u 和 v 之间的边权重，a^{T} 是实现为前馈层的注意力函数的权重向量参数，"·"是连接操作符。α_{vu} 是基于每个节点邻域的 softmax 函数，这表明了节点 v 在当前快照中对节点 u 的重要性。该模型在 GAT 层之间使用残差连接 $\parallel W_d x_u$，以避免梯度消失并确保深度架构的平稳学习。

接下来，该模型采用二元交叉熵损失函数来预测使用学到的节点表示的节点对之间是否存在边，类似于 Sankar A. (2018)。某个节点 v 的二元交叉熵损失函数可以定义为

$$L_v = \sum_{t=1}^{T} \sum_{u \in \text{pos}^t} - \log(\sigma(z_u^t \cdot z_v^t)) - W_{\text{neg}} \cdot \sum_{q \in \text{neg}^t} \log(1 - \sigma(z_v^t \cdot z_g^t)) \tag{2-7}$$

其中，T 是训练快照的数量，pos^t 是在快照 t 中与 v 相连的节点集合，neg^t 是快照 t 的负采样分布，W_{neg} 是负采样参数，σ 是 sigmoid 函数，"·"表示节点对表示之间的内积操作。

2.2　图神经网络概述

2.2.1　基于谱域的图卷积网络

图卷积网络的过程是将图信号从空域映射到谱域，然后再将其映射回到空域。其中，空域指的是将图中节点信息汇总成一个图信号 x，表示图中所有节点的特征，相当于节点的嵌入。

定义 2.1(图信号)　对于一个图 $G(V, E)$，将其顶点集(所有顶点)映射到 n 维实数域：$V \to \mathbf{R}^n$，即表示成向量 $x = (x_1, x_2, \cdots, x_n)^{\mathrm{T}}$，其中每个图信号分量 x_i 表示了节点的信号强度，是一个标量，同时一个 x_i 对应一个 $v_i \in V$。

谱域又被称为频域，在图卷积网络上可理解为图中节点展现的"频率"，"低频"部分对应信号在图上的平滑部分，任意分量能表示图的本质；"高频"部分对应图信号在图上变化较快的部分，可能代表异常。图从空域映射到谱域，再映射到空域，实际上是分别进行了一次傅里叶变换、一次傅里叶逆变换，转换成图卷积网络为图信号与图卷积核做乘法，最终得到一个筛选过的图信号。卷积核将重要的图信号特征放大，将不重要的图信号特征缩小(x_i 不一定越大越重要，可以通过设计特定的卷积核来表示重要性)，相当于对图信号特征进行了过滤，过滤次数越多可以理解为越接近图的本

质，因此也称作滤波器，这样，特定重要的波（图信号中的节点特征）就被过滤到谱域中，"高频"与"低频"部分共同反映出该图的节点特征。若图信号中的 x_i 之间数值差距越大，整个图"频率"就会越高，而"频率"变高同时也就意味着各节点特征之间差距较大，图信号不平滑；否则，整个图的"频率"就会变得很低，这样每个信号分量都可以代表整个图的本质，图信号比较平滑，如图 2-4 所示，其中图 2-4（a）表示图信号平滑的状态，图 2-4（b）表示图信号不平滑的状态，图中的竖线表示图信号中节点信号分量的强弱。对于图的拓扑结构而言，邻接矩阵、度矩阵和拉普拉斯矩阵很好地解决了表示拓扑（节点连接方式）的这个问题。

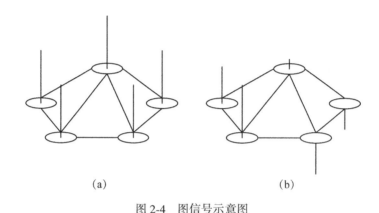

(a)

(b)

图 2-4 图信号示意图

图卷积网络将图信号从空域映射到谱域，以便于对图信号进行处理。之后再映射到空域，得到处理过的图信号，以便下游应用的使用，例如关系预测、节点预测。

图节点的边属性和节点的度各不相同，导致排列不规则，无法像处理图片的规则像素点那样直接对图使用卷积网络。因此可以采用标准化的拉普拉斯矩阵 $\boldsymbol{L}$ 和特征值组成的对角矩阵谱滤波器 $\boldsymbol{g}$ 以表示图并且提取出图更重要的成分，最后再通过图的节点特征矩阵或称为图信号（多特征是矩阵，单特征是向量，图信号用于描述节点特征）与滤波器相乘，实现将图数据从空域映射到谱域。

对于有 n 个节点的图 G，其拉普拉斯矩阵 $\boldsymbol{L} = \boldsymbol{D} - \boldsymbol{A}$，即度矩阵 $\boldsymbol{D}$ 减去邻接矩阵 $\boldsymbol{A}$，显然拉普拉斯矩阵 $\boldsymbol{L}$ 是一个实对称矩阵，而实对称矩阵必可相似对角化，那么即可分解为 $\boldsymbol{L} = \boldsymbol{U}\boldsymbol{\Lambda}\boldsymbol{U}^{\mathrm{T}}$，其中 $\boldsymbol{U}$ 是一个正交化的特征向量矩阵 $\boldsymbol{U}\boldsymbol{U}^{\mathrm{T}} = \boldsymbol{U}^{\mathrm{T}}\boldsymbol{U} = \boldsymbol{I}$。通过图论傅里叶可逆变换可知，对于表示节点属性的图信号 $\boldsymbol{x}$，其图论傅里叶变换为 $F(\boldsymbol{x}) = \boldsymbol{U}^{\mathrm{T}}\boldsymbol{x}$，逆变换为 $F^{-1}(\boldsymbol{x}) = \boldsymbol{U}\boldsymbol{x}$。根据傅里叶逆变换 $\boldsymbol{f} * \boldsymbol{g} = F^{-1}\{F\{\boldsymbol{f}\} \cdot F\{\boldsymbol{g}\}\}$，将图信号映射到谱域再映射到空域的过程，即图卷积可以表示为

$$\boldsymbol{x} * \boldsymbol{g} = \boldsymbol{U}(\boldsymbol{U}^{\mathrm{T}}\boldsymbol{x} \odot \boldsymbol{U}^{\mathrm{T}}\boldsymbol{g}) \tag{2-8}$$

其中，$\odot$ 可以表示为元素积，将右式滤波器 g 替换成 f 以防止与 g_θ 产生混淆，此时将 $U^T g$ 整体看作 θ 则可以继续推得：

$$x * f = U(U^T x \odot U^T f) = U(U^T x \odot \theta) = U(\theta \odot U^T x) = U g_\theta U^T x \qquad (2\text{-}9)$$

通过此计算，实现了图卷积网络将图信号 x 进行了三个步骤的变换。

基于谱域的图卷积网络具有三个代表性的网络，分别为：谱图卷积网络、切比雪夫卷积网络和图卷积网络（graph convolutional network，GCN）。

1. 谱图卷积神经网络

谱图卷积网络的输入一般是每个节点的图信号 x，通过与对角滤波器 $g_\theta = \mathrm{diag}(\theta)$ 相乘实现简洁的图卷积。每一次卷积生成一个 x^l，其中 l 代表第 l 层，或者称为第 l 次卷积操作，x^l 代表第 l 层网络或者 l 次卷积后的状态。同时这也是图卷积网络前向传播的方式。该模型通过以下方式前向传播不断更新网络状态：

$$x_j^{l+1} = \sigma\left(U \sum_{i=1}^{d_l} F_{i,j}^l U^T x_i^l\right), \quad j = 1, 2, \cdots, d_{l+1} \qquad (2\text{-}10)$$

其中，$F_{i,j}^l$ 相当于式(2-9)中 $g_\theta = \mathrm{diag}(\theta)$ 的 g_θ，表示卷积核，卷积核可以理解为一种特定的信息过滤器，表示第 i 维图信号 x_i^l 的卷积核，其中 j 取自 d_{l+1}，d_{l+1} 表示 $l + 1$ 层每个节点的特征维度，即每个节点在这一层的特征数量，换句话说，是每个节点被表示为 d_{l+1} 维的向量。对于卷积神经网络（convolutional neural network，CNN）来讲，该卷积核相当于权重矩阵，同时也是可学习的参数矩阵，该 $U \sum_{i=1}^{d_l} F_{i,j}^l U^T$ 通过对 d_{l+1} 维度上的特征进行加权求和，实际上是对每个节点的特征进行线性组合，将节点的特征进行空间映射，这样可以强化或者弱化某些信号，提取出更重要的信号，实现滤波器过滤数据的功能。通过矩阵相乘，将隐藏层之间进行前向传播的输入 H^l 进行卷积操作，得到发送到下一隐藏层的输出 H^{l+1}，其中的 H^l 相当于此处的 x^l。这样的矩阵相乘相当于对 $l + 1$ 层中的每个特征进行卷积操作，提取其更重要的信息，而对于第 l 层的图信号 x_i^l 来讲，可以将 $U \sum_{i=1}^{d_l} F_{i,j}^l U^T$ 整体看作卷积核。这样多层卷积操作过滤后，即可提取出图信号中最重要的特征。

2. 切比雪夫网络

为了避免计算特征值的分解，可以采用对切比雪夫多项式的 K 阶截断，实现对代表拉普拉斯矩阵的特征值矩阵多项式滤波器 $g_\theta(\Lambda)$ 的近似，这样就可以使处理好的切比雪夫多项式直接代替滤波器 $g_\theta(\Lambda)$，如下式所示：

$$\boldsymbol{y} = \boldsymbol{g}_{\theta}(\boldsymbol{L})\boldsymbol{x} = \boldsymbol{g}_{\theta}(\boldsymbol{U}\boldsymbol{\Lambda}\boldsymbol{U}^{\mathrm{T}})\boldsymbol{x} = \boldsymbol{U}\boldsymbol{g}_{\theta}(\boldsymbol{\Lambda})\boldsymbol{U}^{\mathrm{T}}\boldsymbol{x} = \boldsymbol{U}\sum_{k=0}^{K}\theta_{k}\boldsymbol{\Lambda}^{k}\boldsymbol{U}^{\mathrm{T}}\boldsymbol{x} \tag{2-11}$$

其中，系数 θ_k 调控了不同距离的邻居对当前节点的贡献大小，这也说明每个节点的特征信息最多传播 K 步，即每个节点的新特征表示将基于最多 K 跳邻居的信息，实现了卷积的局部化，而在谱图卷积网络中，所有节点的所有特征都会参与卷积计算，计算量非常大，并且每个节点都受到全局所有节点的影响。之后开始用切比雪夫多项式进行近似：

$$\boldsymbol{g}_{\theta}(\boldsymbol{\Lambda}) = \sum_{k=0}^{K}\theta_{k}T_{k}(\tilde{\boldsymbol{\Lambda}}) \tag{2-12}$$

其中，$\tilde{\boldsymbol{\Lambda}} = 2\boldsymbol{\Lambda}_n/\lambda_{\max} - \boldsymbol{I}_n$ 是一个对角阵，主要是为了将矩阵的特征值对角阵映射到 $[-1, 1]$，代入 $\boldsymbol{g}_{\theta}(\boldsymbol{L}) = \sum_{k=0}^{K}\theta_{k}T_{k}(\hat{\boldsymbol{L}})$ 得：

$$\boldsymbol{y} = \boldsymbol{U}\sum_{k=0}^{K}\theta_{k}\boldsymbol{\Lambda}^{k}\boldsymbol{U}^{\mathrm{T}}\boldsymbol{x} = \boldsymbol{U}\sum_{k=0}^{K}\theta_{k}T_{k}(\tilde{\boldsymbol{\Lambda}})\boldsymbol{U}^{\mathrm{T}}\boldsymbol{x} = \boldsymbol{g}_{\theta}(\boldsymbol{L})\boldsymbol{x} = \boldsymbol{U}\boldsymbol{g}_{\theta}(\boldsymbol{\Lambda})\boldsymbol{U}^{\mathrm{T}}\boldsymbol{x} = \sum_{k=0}^{K}\theta_{k}T_{k}(\tilde{\boldsymbol{L}})\boldsymbol{x}$$

$$\tag{2-13}$$

其中，$\tilde{\boldsymbol{L}} = 2\boldsymbol{L}/\lambda_{\max} - \boldsymbol{I}_n$，切比雪夫多项式为：$T_k(\boldsymbol{x}) = 2\boldsymbol{x}T_{k-1}(\boldsymbol{x}) - T_{k-2}(\boldsymbol{x})$，并且 $\boldsymbol{y} = \boldsymbol{g}_{\theta}(\boldsymbol{L})\boldsymbol{x} = \boldsymbol{U}\boldsymbol{g}_{\theta}(\boldsymbol{\Lambda})\boldsymbol{U}^{\mathrm{T}}\boldsymbol{x}$，本质上的 K 阶截断只考虑多项式的前 K 项。此式中，节点仅被周围的 K 阶邻居节点所影响，称为 K-局部化。

3. 图卷积网络

图卷积网络是在切比雪夫网络的基础上进一步改进，将卷积核限制为 1 阶，即 $K = 1$，也就是说该节点只能被周围 1 阶邻居所影响。为了扩大影响，将 K 个这样的图卷积层叠加，这样影响力就从 1 阶邻居节点扩展到 K 阶邻居节点，网络结构被进一步简化。

$$\boldsymbol{y} = \boldsymbol{g}_{\theta}(\boldsymbol{L}) * \boldsymbol{x} \approx \theta_0 T_0(\tilde{\boldsymbol{L}})\boldsymbol{x} + \theta_1 T_1(\tilde{\boldsymbol{L}}) = \theta_0\boldsymbol{x} + \theta_1(\boldsymbol{L} - \boldsymbol{I}_n)\boldsymbol{x} \tag{2-14}$$

其中，取 $\lambda_{\max} = 2$，使得 $\tilde{\boldsymbol{L}} = \boldsymbol{L} - \boldsymbol{I}_n$。此外，该式展开了 $\boldsymbol{g}_{\theta}(\boldsymbol{L}) = \sum_{k=0}^{K}\theta_{k}T_{k}(\tilde{\boldsymbol{L}})$ 并且代入了切比雪夫多项式 $T_k(\boldsymbol{x}) = 2\boldsymbol{x}T_{k-1}(\boldsymbol{x}) - T_{k-2}(\boldsymbol{x})$，$T_0 = 1$，$T_1 = \boldsymbol{x}$，并且采用了拉普拉斯矩阵的对称归一化 $\boldsymbol{L}^{\mathrm{sys}} = \boldsymbol{I} - \boldsymbol{D}^{-\frac{1}{2}}\boldsymbol{A}\boldsymbol{D}^{-\frac{1}{2}}$ 来代替原本的拉普拉斯矩阵 $\boldsymbol{L}$，即 $\tilde{\boldsymbol{L}} = \boldsymbol{L}^{\mathrm{sys}} - \boldsymbol{I}_n$：

$$\boldsymbol{y} = \theta_0\boldsymbol{x} + \theta_1(\boldsymbol{L}^{\mathrm{sys}} - \boldsymbol{I}_n)\boldsymbol{x} = \theta_0\boldsymbol{x} - \theta_1\boldsymbol{D}^{-\frac{1}{2}}\boldsymbol{A}\boldsymbol{D}^{-\frac{1}{2}}\boldsymbol{x} \tag{2-15}$$

为了解决过拟合问题并且最小化每层的操作数量，取不同阶邻居的影响系数 $\theta' = \theta_0 = -\theta_1$，因此有：

$$y = \theta'(I_n + D^{-\frac{1}{2}}AD^{-\frac{1}{2}})x \tag{2-16}$$

由于取 $\lambda_{max} = 2$ 且对称归一化的拉普拉斯矩阵 L^{sys} 是半正定矩阵，其特征值全部大于等于 0，因此 L^{sys} 特征值的取值范围是 $[0, 2]$。但特征值的取值范围可能会造成梯度爆炸的问题，因此，需要再做一次归一化，使得特征值的取值范围为 $[0, 1]$。因此定义 $\tilde{A} = A + I_n$，即

$$I_n + D^{-\frac{1}{2}}AD^{-\frac{1}{2}} \rightarrow \tilde{D}^{-\frac{1}{2}}\tilde{A}\tilde{D}^{-\frac{1}{2}} \tag{2-17}$$

$$y = \theta'\tilde{D}^{-\frac{1}{2}}\tilde{A}\tilde{D}^{-\frac{1}{2}}x \tag{2-18}$$

推得最后的输出:

$$Z = \tilde{D}^{-\frac{1}{2}}\tilde{A}\tilde{D}^{-\frac{1}{2}}X\Theta \tag{2-19}$$

其中，$Z \in \mathbf{R}^{n \times d}$ 是图卷积后的输出矩阵，$X \in \mathbf{R}^{n \times c}$ 是图信号属性矩阵（n 个节点，每个节点有 c 维度的属性），$\Theta \in \mathbf{R}^{c \times d}$ 是系数矩阵。

由于叠加了多层图卷积，则需要先表示每一层图卷积:

$$H^{l+1} = f(H^l, A) = \sigma(\hat{A}H^lW^l) \tag{2-20}$$

其中，H^l 表示第 l 层的节点向量，W^l 表示对应层的系数，分别对应式(2-19)中的 X 和 Θ，另外 H^{l+1} 对应式(2-19)中的 Z，$\hat{A}$ 对应式(2-19)中的 $\tilde{D}^{-\frac{1}{2}}\tilde{A}\tilde{D}^{-\frac{1}{2}}$。在预测节点的标签中，采用下式进行标签的预测:

$$\hat{Y} = f(X, A) = \text{Softmax}(\hat{A}\text{ReLU}(\hat{A}XW^0)W^1) \tag{2-21}$$

该式是一个两层图卷积网络的例子，如图 2-5 所示，基于 n 个节点的图 $G = \{V, E\}$，其中节点属性矩阵为 $X \in \mathbf{R}^{n \times d}$，邻接矩阵为 A，$\text{Softmax}(x_i) = \dfrac{e^{x_i}}{\sum\limits_{i=1}^{N} e^{x_s}}$。

之后通过计算训练集节点集 V_{train} 上的预测结果 $\hat{Y}$ 和真实标签 Y 的交叉熵作为损失函数，最后再通过梯度下降进行训练，得到最佳参数。

$$\text{Loss} = -\sum_{l \in y_L}\sum_{f=1}^{F} Y_{lf}\ln\hat{Y}_{lf} \tag{2-22}$$

其中，F 表示训练集 V_{train}，f 表示训练集 V_{train} 中的节点，y_L 表示有标签节点的集合。

2.2.2 图注意力网络

图注意力网络(graph attention networks，GAT)考虑了不同邻居节点对当前节点产生不同程度的影响，其中输入的内容为 $h = \{\vec{h}_1, \vec{h}_2, \cdots, \vec{h}_N\}$，$\vec{h}_i \in \mathbf{R}^F$，其中 N 是节点

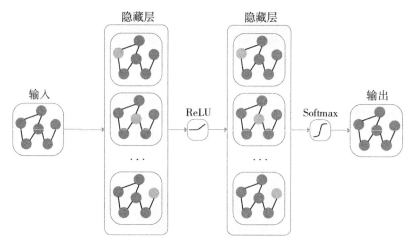

图 2-5　多层图卷积网络结构示意图

数量，F 是每个节点特征的数量。通过对注意力层的输入线性变换的共享权重矩阵 $\boldsymbol{W} \in \mathbf{R}^{F' \times F}$ 进行参数化，将原来的节点特征从 F 维转换为 F' 维。图注意力网络输出的内容为 $\boldsymbol{h}' = \{\vec{\boldsymbol{h}}'_1, \vec{\boldsymbol{h}}'_2, \cdots, \vec{\boldsymbol{h}}'_N\}$，$\vec{\boldsymbol{h}}'_i \in \mathbf{R}^{F'}$。如图 2-6 所示。

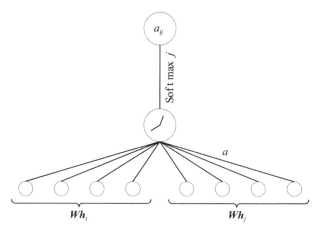

图 2-6　注意力层示意图

在计算注意力的过程中，通过一个共享的注意力机制 a 计算出节点间的重要程度：

$$e_{ij} = a(\boldsymbol{Wh}_i, \ \boldsymbol{Wh}_j) \tag{2-23}$$

其中，e_{ij} 表示节点 j 作为节点 i 的邻居节点，从节点 i 的视角来看节点 j 对节点 i 的重要程度，该公式相当于两个向量做了一个内积得到一个值，但它还不是权重，该模型的目的是要求得该 j 节点相对于 i 节点的所有邻居节点中所占的影响 i 节点的比重。

之后，选取节点$j \in N_i$，其中N_i是节点i的一个一阶邻域，计算节点j的e_{ij}。为了使重要性系数方便在不同节点之间进行比较，采用Softmax函数对节点i的所有当前邻域中的节点j进行归一化，从而计算出不同邻居节点对当前节点i的影响权重：

$$\alpha_{ij} = \text{softmax}_j(e_{ij}) = \frac{\exp(e_{ij})}{\sum_{k \in N_i} \exp(e_{ik})} \quad (2\text{-}24)$$

由于注意力机制是一个单层前馈神经网络，通过函数a映射到一个注意力权重，此处表示为$\vec{a}^{\mathrm{T}}$（$\vec{a} \in \mathbf{R}^{2F'}$），并通常应用非线性函数LeakyReLU（负输入斜率$\alpha = 0.2$）计算重要性系数e_{ij}，即充分展开后，注意力机制的归一化注意力系数表示为

$$\alpha_{ij} = \frac{\exp(\text{LeakyReLU}(\vec{a}^{\mathrm{T}}[\boldsymbol{W}\vec{h}_i \parallel \boldsymbol{W}\vec{h}_j]))}{\sum_{k \in N_i} \exp(\text{LeakyReLU}(\vec{a}^{\mathrm{T}}[\boldsymbol{W}\vec{h}_i \parallel \boldsymbol{W}\vec{h}_k]))} \quad (2\text{-}25)$$

其中，"$\parallel$"表示矩阵拼接操作。之后融合所有邻接点的信息与自身的信息，采用σ作为激活函数，得到新节点的特征：

$$\boldsymbol{h}_i' = \sigma\left(\sum_{j \in N_i} \alpha_{ij} \boldsymbol{W} \boldsymbol{h}_j\right) \quad (2\text{-}26)$$

为了稳定自注意力的学习过程，采用多头注意力层。具体来说，除了最后一层外，其他层采用K个输入线性变换的共享权重矩阵$\boldsymbol{W}^k$得到不同的注意力，并对上式中的$\boldsymbol{W}$进行替换，再将其特征连接起来求平均：

$$\boldsymbol{h}_i' = \parallel_{k=1}^{K}\left(\sum_{j \in N_i} \alpha_{ij}^k \boldsymbol{W}^k \boldsymbol{h}_j\right) \quad (2\text{-}27)$$

其中，α_{ij}^k是通过第k次注意力机制a^k计算得到的归一化注意力系数。

在最后一层中，一般使用求平均的方法：

$$\boldsymbol{h}_i' = \sigma\left(\frac{1}{K}\sum_{k=1}^{K}\sum_{j \in N_i} \alpha_{ij}^k \boldsymbol{W}^k \boldsymbol{h}_j\right) \quad (2\text{-}28)$$

上述计算过程如图2-7所示。

2.2.3 异构图神经网络

异构图神经网络（heterogeneous graph neural network，HetGNN）的特点是在一个图内不同节点相互连接形成不同边。相比于同构图，异构图可以存在更多类型的节点和边，包含的信息更加丰富。HetGNN的主要内容包含了采样邻居的方法、编码内容的方法和聚合方法，如图2-8所示。

对于异构图神经网络的整体流程来讲，首先要进行邻居节点采样。该模型采用基

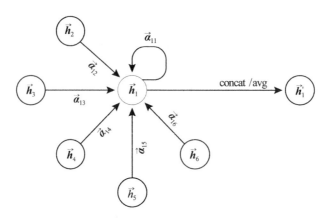

图 2-7 多头注意力机制示意图

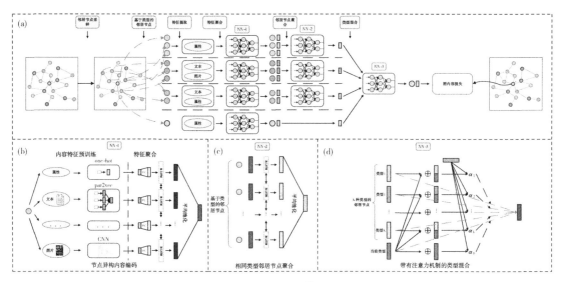

图 2-8 HetGNN 整体架构图

于重启随机游走(random walk with restart,RWR)异构邻居采样策略,即从 $v \in V$ 开始随机游走,迭代当前节点的邻居节点或以概率 p 返回到起始节点,这个过程会持续进行,直到成功收集到预定数量的节点为止,这个固定数量的节点集合被记作 RWR(v)。之后对不同类型的邻居节点进行分组,对于每个节点类型 t,该模型从 RWR(v)中选择出现频率最高的 k_t 个节点,并且将其作为节点 v 的 t 型相关邻居集合。

之后要进行相同类型邻居的聚合。该模型从节点 $v \in V$ 中提取异构内容 C_v,并通过神经网络 f_1 将其编码为固定大小的嵌入,即单个节点 v 的嵌入方式如下:

$$f_1(v) = \frac{\sum_{i \in C_v} \left[\overrightarrow{\mathbf{LSTM}}\{FC_{\theta_x}(\boldsymbol{x}_i)\} \oplus \overleftarrow{\mathbf{LSTM}}\{FC_{\theta_x}(\boldsymbol{x}_i)\} \right]}{|C_V|} \tag{2-29}$$

其中，LSTM 是该模型采用的双向 LSTM 架构（bi-directional LSTM，Bi-LSTM），以捕获"深度"特征交互并获得更强大的表达能力；$f_1(v) \in \mathbf{R}^{d \times 1}$（$d$ 表示内容嵌入维度）；FC_{θ_x} 表示特征转换器，该转换器可以是恒等映射，也可以是带参数 θ_x 的全连接神经网络；$\oplus$ 表示连接符号，LSTM 的公式为

$$\begin{cases} \boldsymbol{z}_i = \boldsymbol{\sigma}(U_z FC_{\theta_x}(\boldsymbol{x}_i) + W_z \boldsymbol{h}_{i-1} + \boldsymbol{b}_z) \\ \boldsymbol{f}_i = \boldsymbol{\sigma}(U_f FC_{\theta_x}(\boldsymbol{x}_i) + W_f \boldsymbol{h}_{i-1} + \boldsymbol{b}_f) \\ \boldsymbol{o}_i = \boldsymbol{\sigma}(U_o FC_{\theta_x}(\boldsymbol{x}_i) + W_o \boldsymbol{h}_{i-1} + \boldsymbol{b}_o) \\ \hat{\boldsymbol{c}}_i = \tanh(U_c FC_{\theta_x}(\boldsymbol{x}_i) + W_c \boldsymbol{h}_{i-1} + \boldsymbol{b}_c) \\ \boldsymbol{c}_i = \boldsymbol{f}_i \cdot \boldsymbol{c}_{i-1} + \boldsymbol{z}_i \cdot \hat{\boldsymbol{c}}_i \\ \boldsymbol{h}_i = \tanh(\boldsymbol{c}_i) \cdot \boldsymbol{o}_i \end{cases} \tag{2-30}$$

其中，$\boldsymbol{h}_i \in \mathbf{R}^{(d/2) \times 1}$ 表示第 i 个内容的输出隐藏状态，。表示 Hadamard 积，$U_j \in \mathbf{R}^{(d/2) \times d_f}$、$W_j \in \mathbf{R}^{(d/2) \times (d/2)}$ 和 $b_j \in \mathbf{R}^{(d/2) \times 1}$（$j \in \{z, f, o, c\}$）为可学习参数，$\boldsymbol{z}_i$、$\boldsymbol{f}_i$ 和 $\boldsymbol{o}_i$ 分别为第 i 个内容特征的遗忘门向量、输入门向量和输出门向量。具体来说，上述框架首先使用不同的 $\boldsymbol{FC}$ 层来转换不同的内容特征，如独热编码 one-hot、par2vec 和卷积神经网络（convolutional neural network，CNN）等，然后使用 Bi-LSTM 捕获深度特征交互并积累所有内容特征的表达能力，最后使用所有隐藏状态的平均池化层来获得节点 v 的常规内容嵌入。

接着，该模型在采用 RWR 策略对每个节点进行操作后，针对每个节点采样出不同类型节点的固定大小邻居集合，将 $v \in V$ 的 t 型采样邻居集记为 $N_t(v)$ 并利用神经网络 $\boldsymbol{f}_2^t$ 对 $v' \in N_t(v)$ 的内容嵌入进行聚合，对节点 v 其 t 型邻居（多个节点内容）聚合的嵌入用公式表示为

$$\boldsymbol{f}_2^t = AG_{v' \in N_t(v)}^t \{f_1(v')\} \tag{2-31}$$

其中，$\boldsymbol{f}_2^t \in \mathbf{R}^{d \times 1}$（$d$ 表示聚合的内容嵌入维度），$f_1(v')$ 是由式（2-29）生成的节点 v' 的内容嵌入，AG^t 表示 t 型邻居节点聚合器，该聚合器能够作为全连接神经网络、卷积神经网络、循环神经网络等。由于 Bi-LSTM 能够在实践中展现出更好的性能，因此该模型采用了 Bi-LSTM 架构，重新将 $\boldsymbol{f}_2^t(v)$ 用公式表述为

$$\boldsymbol{f}_2^t(v) = \frac{\sum_{i \in N_t(v)} \left[\overrightarrow{\mathbf{LSTM}}\{f_1(v')\} \oplus \overleftarrow{\mathbf{LSTM}}\{f_1(v')\} \right]}{|N_t(v)|} \tag{2-32}$$

该模型采用 Bi-LSTM 来聚合所有 t 型邻居的内容嵌入，并使用所有隐藏的平均值

来表示常规的聚合嵌入, 如图 2-8(c)所示, 该模型采用不同的 Bi-LSTM 区分不同节点类型的邻居节点聚合。

最后是进行类型的组合。由于不同类型的邻居对节点 v 最终表示作出的贡献不同, 因此为了区分不同的贡献, 该模型采用了注意力机制, 并将输入嵌入的公式表示为

$$\boldsymbol{\varepsilon}_v = \alpha^{v, \, v} \boldsymbol{f}_1(v) + \sum_{t \in O_v} \alpha^{v, \, t} \boldsymbol{f}_2^t(v) \tag{2-33}$$

其中, $\boldsymbol{\varepsilon}_v \in \mathbf{R}^{d \times 1}$($d$ 表示输出嵌入维度), $\alpha^{v, \, *}$ 表示不同嵌入的重要性系数, $\boldsymbol{f}_1(v)$ 表示节点 v 的内容嵌入, $\boldsymbol{f}_2^t(v)$ 表示基于类型的聚合嵌入。该模型将嵌入集合表示为 $F(v) = \{\boldsymbol{f}_1(v) \cup (\boldsymbol{f}_2^t(v), \, t \in O_v)\}$, 并将节点 v 的输出嵌入重新用公式表示为

$$\boldsymbol{\varepsilon}_v = \sum_{f_i \in F(v)} \alpha^{v, \, i} \boldsymbol{f}_i \tag{2-34}$$

$$\alpha^{v, \, i} = \frac{\exp\{\text{LeakyReLU}(\boldsymbol{u}^{\mathrm{T}}[\boldsymbol{f}_i \oplus \boldsymbol{f}_1(v)])\}}{\sum\limits_{f_i \in F(v)} \exp\{\text{LeakyReLU}(\boldsymbol{u}^{\mathrm{T}}[\boldsymbol{f}_i \oplus \boldsymbol{f}_1(v)])\}} \tag{2-35}$$

其中, LeakyReLU 表示修正线性单元(rectified linear unit, ReLU)的泄露版本, 是注意力参数。图 2-8 所示为这一步骤的示意图, 图(a)表示 HetGNN 的总体架构: 首先为每个节点(本例中为节点 a)采样固定大小的异构邻居, 接着通过 NN-1 对每个节点内容进行编码, 然后通过 NN-2 和 NN-3 聚合采样到的异构邻居的内容嵌入, 最后通过图上下文损失优化模型; 图(b)NN-1 表示节点异构内容编码器; 图(c)NN-2 表示基于类型的邻居聚合器; 图(d)NN-3 表示异构类型组合。

2.2.4 高阶图神经网络

由于传统的 GCN 不能表示二跳的 Delta 算子, 且不能表示一般的分层邻域混合, 因此提出了图高阶神经网络(higher-order graph convolution architectures, MixHop), 以解决上述两个问题。该模型采用了邻接矩阵的次幂, 以学习更广泛的表示类别。图高阶神经网络对算子及其推广形式进行了形式化处理, 并引入了邻域混合的概念, 目的是分析图卷积模型的可表达性。其中二跳 Delta 运算符的表示: 如果存在一种参数设置和一个单射映射 f, 使得网络的输出变为

$$f(\sigma(\hat{\boldsymbol{A}} \boldsymbol{X}) - \sigma(\hat{\boldsymbol{A}}^2 \boldsymbol{X})) \tag{2-36}$$

则称该模型能够表示二跳 Delta 运算符。其中 $\hat{\boldsymbol{A}}$ 是邻接矩阵, $\boldsymbol{X}$ 是特征, σ 是激活函数。

该模型用以下式子替换图卷积(graph convolution, GC)层:

$$\boldsymbol{H}^{(i+1)} = \mathop{\|}\limits_{j \in P} \sigma(\hat{\boldsymbol{A}}^j \boldsymbol{H}^{(i)} \boldsymbol{W}_j^{(i)}) \tag{2-37}$$

其中, 超参数 P 是一组整数邻接幂, $\hat{\boldsymbol{A}}^j$ 表示邻接矩阵 $\boldsymbol{A}$ 乘以自身 j 次, "$\|$"符号表示

按列连接。"卷积"层如图 2-9 所示，其中该模型的卷积层以图(b)表示，使用 A 的幂次。大矩形表示输入激活矩阵，每个节点一行，中间部分的长条矩形表示可训练的参数；最下侧矩形表示层输出。乘法的左乘与右乘由乘数相对于运算符的位置指定。默认情况下，该模型将所有的 $W_j^{(i)}$ 设置为相同的大小，这实际上为所有 $j \in P$ 的邻接幂分配了相同的容量。但是，对于不同的任务和数据集，不同大小的 $W_j^{(i)}$ 可能更合适。在上式中，设置 $P = \{1\}$ 可以完全恢复原始的 GC 层，相当于仅处理一阶邻居。此外，$\hat{A}^0$ 是单位矩阵 I_n，其中 n 是图中的节点数。

图 2-10 展示了一个 $P = \{0, 1, 2\}$ 的模型，其中该图展示了在层 i 中给定节点特征的情况下，层 $i + 1$ 中有色节点的潜在特征。在该模型 MixHop 中，特征向量 $H^{(i+1)}$ 是节点在多个距离为 j 的邻居 $\hat{A}^j H^{(i)}$ 的学习组合。在该模型中，每一层包含 $|P|$ 个不同的参数矩阵，每个矩阵可以是不同的大小，默认设置所有 $|P|$ 矩阵具有相同的维度。由于每一层输出不同邻接幂在不同列的乘积，下一层的权重可以学习列的任意线性组合。通过给某个邻接矩阵幂生成的列分配一个正系数，并给另一个列分配一个负系数，模型可以学习 Delta 运算符。相比之下，即便是叠加多层，原始的 GCN 也无法表示这类操作。

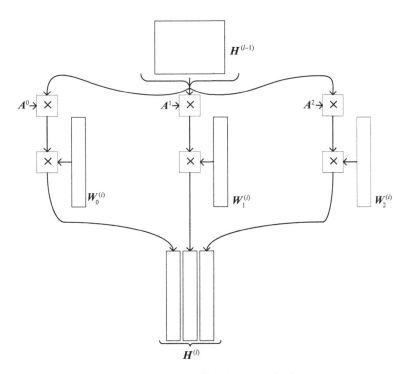

图 2-9　MixHop 模型卷积层示意图

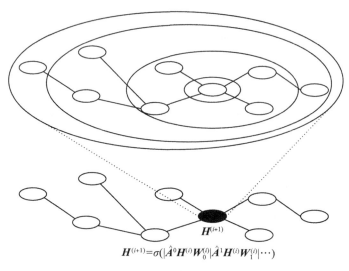

$$H^{(i+1)} = \sigma(|\hat{A}^0 H^{(i)} W_0^{(i)}|\hat{A}^1 H^{(i)} W_1^{(i)}|\cdots)$$

图 2-10　混合特征模型图

图卷积网络能够表示逐层邻域混合，如果对于任何 α_0，α_1，$\cdots$，α_m 数值，存在一种参数设置和一个单射映射 f，使得网络的输出等于：

$$f\left(\sum_{j=0}^{m} \alpha_j \sigma(\hat{A}^j X)\right) \tag{2-38}$$

对于任意邻接矩阵 $\hat{A}$，特征矩阵 X 和激活函数 σ 成立。

GCN 的最后一层对于学习模型在训练数据集上的隐藏空间表示至关重要。由于 MixHop 独特地混合了来自不同信息集的特征，限制输出层可能会在不同任务上带来更好的结果。为了利用这一属性，该模型通过以下方式定义输出层：将 s_l 划分成大小为 c 的组，并计算 $\tilde{Y}_O = \sum_{k=1}^{s/c} q_k H_{*,(id_l/c;(i+1)s/c)}^{(l)}$，$Y_O = \text{softmax}(\tilde{Y}_O)$。这里的下标在 $H^{(l)}$ 上选择 c 个连续列，标量 $q_k \in [0, 1]$ 定义了一个有效分布权重。这使得模型被迫选择它想要优先考虑的特征，通过对该特征赋予更多的权重来实现。对于所有的 i，j 以及 q_1，q_2，$\cdots$，q_{s_i}，通过最小化交叉熵损失来获得模型参数 $W_i^{(j)}$，损失只在已知标签的节点上测量，相关算法见表 2-3。

表 2-3　　　　　　　　　　　　　　　　　　　算　法　3

算法 3：高阶图卷积层
输出：$H^{(i-1)}$，$\hat{A}$
参数：$\{W_j^{(i)}\}_{j \in P}$

算法3：高阶图卷积层
1    $j_{\max} := \max P$
2    $\boldsymbol{B} := \boldsymbol{H}^{(i-1)}$
3   for $j = 1$ to $j_{\max}$ do
4       $\boldsymbol{B} := \boldsymbol{AB}$
5   if $j \in P$ then
6           $\boldsymbol{O}_j := \boldsymbol{BW}_j^{(i)}$
7   end if
8   end for
9    $\boldsymbol{H}^{(i)} := \big\|_{j \in P} \boldsymbol{O}_j$
10   return: $\boldsymbol{H}^{(i)}$

2.2.5 图小波神经网络

与传统的图卷积网络类似，图小波神经网络（graph wavelet neural network，GWNN）将图信号从顶点域投影到频谱域。图小波变换使用一组小波作为基，定义为 $\boldsymbol{\psi}_s = (\boldsymbol{\psi}_{s1}, \boldsymbol{\psi}_{s2}, \cdots, \boldsymbol{\psi}_{sn})$，其中每个小波 $\boldsymbol{\psi}_{si}$ 对应于从节点 i 扩散开的图信号，s 是一个缩放参数。数学上，$\boldsymbol{\psi}_{si}$ 可以写为

$$\boldsymbol{\psi}_s = \boldsymbol{U}\boldsymbol{G}_s\boldsymbol{U}^{\mathrm{T}} \tag{2-39}$$

其中，$\boldsymbol{U}$ 是拉普拉斯特征向量，$\boldsymbol{G}_s = \mathrm{diag}(g(s\boldsymbol{\lambda}_1), \cdots, g(s\boldsymbol{\lambda}_n))$ 是一个缩放矩阵，$g(s\boldsymbol{\lambda}_i) = \mathrm{e}^{\lambda_i s}$。使用图小波作为基，图上信号 $\boldsymbol{x}$ 的图小波变换定义为 $\hat{\boldsymbol{x}} = \boldsymbol{\psi}_s^{-1}\boldsymbol{x}$，逆图小波变换是 $\boldsymbol{x} = \boldsymbol{\psi}_s\hat{\boldsymbol{x}}$。注意，$\boldsymbol{\psi}_s^{-1}$ 可以通过简单地将 $\boldsymbol{\psi}_s$ 中的 $g(s\boldsymbol{\lambda}_i)$ 替换为 $g(-s\boldsymbol{\lambda}_i)$ 来获得。

将公式 $\boldsymbol{x} * g\boldsymbol{y} = \boldsymbol{U}((\boldsymbol{U}^{\mathrm{T}}\boldsymbol{y}) \odot (\boldsymbol{U}^{\mathrm{T}}\boldsymbol{y}))$ 中的图傅里叶变换替换为图小波变换，获得图卷积为：

$$\boldsymbol{x} * g\boldsymbol{y} = \boldsymbol{\psi}_s((\boldsymbol{\psi}_s^{-1}\boldsymbol{y}) \odot (\boldsymbol{\psi}_s^{-1}\boldsymbol{y})) \tag{2-40}$$

图小波神经网络是一个多层卷积神经网络。第 m 层的结构为

$$\boldsymbol{X}_{[:, j]}^{m+1} = h\Big(\boldsymbol{\psi}_s \sum_{i=1}^p \boldsymbol{F}_{i, j}^m \boldsymbol{\psi}_s^{-1} \boldsymbol{X}_{[:, i]}^m\Big), \quad j = 1, 2, \cdots, q \tag{2-41}$$

其中，$\boldsymbol{\psi}_s$ 是小波基，$\boldsymbol{\psi}_s^{-1}$ 是缩放为 s 的图小波变换矩阵，将信号从顶点域投影到频谱域，$\boldsymbol{X}_{[:, i]}^m$ 是尺寸为 $n \times 1$ 的 $\boldsymbol{X}^m$ 的第 i 列，$\boldsymbol{F}_{i, j}^m$ 是在频谱域学习的对角滤波器矩阵，h

是非线性激活函数。这一层将输入张量 X^m（尺寸为 $n \times p$）转换为输出张量 X^{m+1}（尺寸为 $n \times q$）。

该模型在图上进行半监督节点分类的两层 GWNN。模型的公式为

第一层：
$$X^2_{[:,j]} = \text{ReLU}\left(\psi_s \sum_{i=1}^{p} F^1_{i,j} \psi_s^{-1} X^1_{[:,i]} \right), \quad j = 1, 2, \cdots, q \tag{2-42}$$

第二层：
$$Z_j = \text{softmax}\left(\psi_s \sum_{i=1}^{q} F^2_{i,j} \psi_s^{-1} X^2_{[:,i]} \right), \quad j = 1, 2, \cdots, c \tag{2-43}$$

其中，c 是节点分类中的类别数，尺寸为 $n \times c$ 的 Z 是预测结果。

2.2.6　时序卷积网络

时序卷积网络（temporal convolutional network，TCN）是一个用于卷积序列预测的通用架构。假设得到一个输入序列 x_0，x_1，$\cdots$，x_T，并希望在每个时间点预测一些相应的输出 y_0，y_1，$\cdots$，y_T。关键的约束是，为了预测某个时间 t 的输出 y_t，只能使用那些之前观察到的输入：x_0，x_1，$\cdots$，x_t。形式上，序列建模网络是任何一个函数 f：$x^{T+1} \rightarrow y^{T+1}$，它产生映射：

$$\hat{y}_0, \hat{y}_1, \cdots, \hat{y}_T = f(x_0, x_1, \cdots, x_T) \tag{2-44}$$

如果它满足因果约束，即 y_t 只依赖于 x_0，x_1，$\cdots$，x_T 而不依赖于任何"未来"的输入 x_{t+1}，x_{t+2}，$\cdots$，x_T。在序列建模设置中学习的目标是找到一个网络 f，使得实际输出与预测之间的某些预期损失最小化：$L(y_0, y_1, \cdots, y_T, f(x_0, x_1, \cdots, x_T))$，其中序列和输出按照某些分布抽取。

如上所述，TCN 基于两个原则：网络产生的输出长度与输入相同，未来信息不会泄露到过去。为了实现第一点，TCN 使用了一种 1D 全卷积网络（fully convolutional networks，FCN）架构，其中每个隐藏层的长度与输入层相同，并添加了长度为"核大小 −1"的零填充，以保持后续层与之前层的长度相同。为了实现第二点，TCN 使用因果卷积，即在某一时间 t 的输出仅与该层之前的时间 t 及更早的元素进行卷积。

简单来说：

$$\text{TCN} = \text{1D FCN} + \text{因果卷积} \tag{2-45}$$

简单因果卷积只能回顾网络深度方向上线性大小的历史数据。为了解决该问题，该模型采用扩张卷积，对于一维序列输入 $x \in \mathbf{R}^n$ 和滤波器 f：$\{0, 1, \cdots, k-1\} \rightarrow R$，扩张卷积操作 F 在序列的元素 s 上定义为：

$$F(s) = (x *_d f)(s) = \sum_{i=0}^{k-1} f(i) \cdot x_{s-d \cdot i} \tag{2-46}$$

其中，d 是扩张因子，k 是滤波器大小，$(s - d \cdot i)$ 考虑了过去的方向。因此扩张相当于

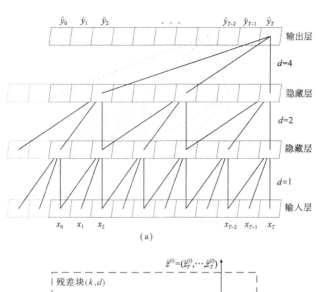

（a）

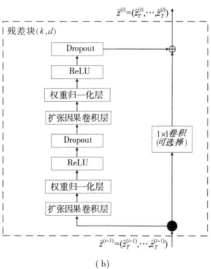

（b）

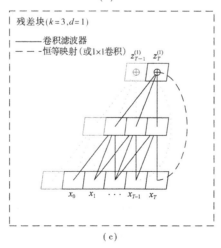

（c）

图 2-11　TCN 架构元素示意图

在每两个相邻的滤波器点之间引入一个固定步长。当 $d=1$ 时，扩张卷积简化为常规卷积。使用较大的扩张可以使顶层的输出代表更广泛的输入范围，从而有效地扩大了卷积网络的接受域。这提供了两种增加 TCN 接受域的方式：选择更大的滤波器大小 k 和增加扩张因子 d，其中这样一层的有效历史长度是 $(k-1)d$。像通常使用扩张卷积一样，随着网络深度的指数级增加 d（即在网络的第 i 层，$d=O(2^i)$），确保了每个输入都能被一些滤波器覆盖到有效的历史信息，同时也允许通过使用深层网络来实现对极长有效历史信息的处理。如图 2-11（a）所示。

残差块包含一个通往一系列变换 $\mathscr{F}$ 的分支，其输出被添加到该块的输入 $\boldsymbol{x}$ 上：

$$o = \text{Activation}(\boldsymbol{x} + \mathscr{F}(\boldsymbol{x})) \tag{2-47}$$

这允许层学习对恒等映射进行修改，而不是整个变换。由于 TCN 的接受域取决于网络深度 n 滤波器大小 k 和扩张因子 d，保持更深层次和更大范围的 TCN 稳定是非常重要的。更具体地说，每层由多个用于特征提取的滤波器组成。在设计的通用 TCN 模型中，在卷积层的位置使用了一个通用的残差模块，在一个残差块内，TCN 有两层扩张因果卷积和非线性激活函数，该模型使用修正线性单元（rectified linear unit，ReLU）作为激活函数。为了标准化，该模型对卷积滤波器应用了权重标准化。此外，在每个扩张卷积后添加了空间 dropout 以进行规范化，在每个训练步骤中，一个完整的通道被清零。

然而，与标准的 ResNet 不同，其输入直接添加到残差函数的输出上，在 TCN 中，输入和输出可能有不同的宽度。为了解决输入输出宽度的差异，该模型使用了额外的 1×1 卷积，以确保逐元素加法 $\oplus$ 接收到相同形状的张量，如图 2-11 所示，其中图（a）表示扩张因子 $d(=1，2，4)$ 和滤波器大小 $k=3$ 的扩张因果卷积，感受野能够覆盖输入序列中的所有值；图（b）表示 TCN 残差块，当残差输入和输出具有不同维度时，添加 1×1 卷积；图（c）表示 TCN 中残差连接的一个例子。实线是残差函数中的滤波器，较明显的虚线是恒等映射。

2.3　多关系图对比学习

图对比学习（graph contrastive learning，GCL）是一种自监督学习范式，它允许模型从数据本身生成的伪标签中学习有意义的知识。在对比学习中，通过数据增强构建正负样本对通常是至关重要的。图对比学习的目的是最大化真实图的顶点表示与全局图表示之间的相似性，同时最小化扰动图的顶点表示与全局图表示之间的相似性，通过这种方式使模型学习到能够区分正样本图和负样本图的表示。对于多关系图 $G=(\nu，\varepsilon，R)$，该模型采用了一种双视图负对等增强策略，分别通过打乱实体特征和打乱边关系创建两个视图的损坏图。然后，该模型在局部-全局共用信息最大化方案下实施多关系对比学习。

具体来说，该模型通过以下方式破坏 G 以获得两个损坏图的视图 $\tilde{G}_n$ 和 $\tilde{G}_r$：C_n：$G = (\nu, \varepsilon, R) \rightarrow \tilde{G}_n = (\tilde{\nu}, \varepsilon, R)$ 打乱实体特征 X，和 C_r：$G = (\nu, \varepsilon, R) \rightarrow \tilde{G}_r = (\nu, \varepsilon, \tilde{R})$ 打乱边关系。该模型在 G_n 和 G_r 上使用共享的 R-GCN（relational graph convolutional network）编码器，获得相应"假"的实体表示 $\tilde{H}^n$ 和 $\tilde{H}^r$。给定原始实体表示为 H，该模型使用读出函数 Γ 获取全局表示 $g \in \mathbf{R}^Q$，由 $g = \Gamma(H)$ 公式化。然后，对比学习的训练目标是最大化 H 和 g 之间的一致性，以及 $\tilde{H}^n / \tilde{H}^r$ 和 g 之间的差异，可以表述为以下损失函数：

$$\begin{cases} l_n = -\dfrac{1}{|V| + |\tilde{V}|}\left(\sum_{v \in V} E_{(V, \varepsilon, R)}\left[\log D(\boldsymbol{h}_v, \boldsymbol{g})\right] + \sum_{v \in \tilde{V}} E_{(\tilde{V}, \varepsilon, R)}\left[\log(1 - D(\tilde{\boldsymbol{h}}_u^n, \boldsymbol{g}))\right]\right) \\ l_r = -\dfrac{1}{|V| + |V|}\left(\sum_{v \in V} E_{(V, \varepsilon, R)}\left[\log D(\boldsymbol{h}_v, \boldsymbol{g})\right] + \sum_{v \in V} E_{(V, \varepsilon, \tilde{R})}\left[\log(1 - D(\tilde{\boldsymbol{h}}_u^r, \boldsymbol{g}))\right]\right) \end{cases}$$

$$(2\text{-}48)$$

其中，$D(\boldsymbol{h}_v, \boldsymbol{g}) = \sigma(\boldsymbol{h}_v^{\mathrm{T}} \boldsymbol{W} \boldsymbol{g})$ 表示计算经过线性变换后的定点表示 $\boldsymbol{h}_v$ 和全局图 $\boldsymbol{g}$ 之间的相似度。在对比学习框架中，这种操作不仅应用于真实图的顶点表示，也用于扰动图的顶点表示，其目的是在优化过程中同时考虑正样本和负样本，通过对比这两种样本来提升模型的判别能力。$\boldsymbol{W}$ 是一个可训练的参数矩阵。

2.4 深层自编码架构

深层自编码架构（structural deep network embedding, SDNE）是一种捕获高度非线性结构的方法，该模型由多层非线性函数组成，将数据映射到一个高度非线性的隐藏空间，从而捕获高度非线性的网络结构。为了解决深度模型中的结构保持和稀疏性问题，该模型进一步提出将一阶和二阶近似共同纳入学习过程。一阶近似表示如果两个顶点通过观察到的边连接，那么在现实世界网络中它们总是相似的。然而，现实世界的数据集通常非常稀疏，观察到的链路只占很小一部分，存在许多彼此相似但未通过任何边连接的顶点。因此，仅捕获一阶近似是不够的。该模型引入二阶近似来捕捉全局网络结构。直观来讲，二阶近似假设，如果两个顶点存在许多共同的邻居，那么即便这两个顶点之间没有边相连，它们也往往是相似的，并且这种情况能够极大地丰富顶点之间的关系。因此，通过引入二阶近似，可以表示全局网络结构并缓解稀疏性问题。

此外，该模型采用半监督架构，其中无监督组件重构二阶近似以保持全局网络结构，而监督组件利用一阶近似作为监督信息以保持局部网络结构。

定义 2.2(图)：图表示为 $G = (V, E)$，其中 $V = \{v_1, v_2, \cdots, v_n\}$ 代表 n 个顶点，$E = \{e_{i,j}\}_{i,j=1}^n$ 表示边。每条边 $e_{i,j}$ 关联一个权重 $s_{i,j} \geq 0$。对于未通过边连接的 v_i 和 v_j，$s_{i,j} = 0$。对于无权图，$s_{i,j} = 1$；对于有权图，$s_{i,j} > 0$。

定义 2.3(一阶近似)：一阶近似描述了顶点间的成对接近度。对于任何一对顶点，如果 $s_{i,j} > 0$，则存在正的一阶近似。否则，v_i 和 v_j 之间的一阶近似为 0。

定义 2.4(二阶近似)：一对顶点的二阶近似描述了该对的邻域结构的接近度。$N_u = \{s_{u,1}, \cdots, s_{u,|V|}\}$ 表示 v_u 和其他顶点之间的一阶近似。然后，二阶近似由 N_u 和 N_v 的相似性决定。

该模型还提出了一个半监督深度模型来执行网络嵌入。

定义 2.5(网络嵌入)：给定一个图表示为 $G = (V, E)$，网络嵌入旨在学习一个映射函数 $f: v_i \rightarrow y_i \in \mathbf{R}^d$，其中 $d \ll |V|$。该函数的目标是使 y_i 和 y_j 之间的相似性明确地保留 v_i 和 v_j 的一阶和二阶近似。

为了捕捉高度非线性的网络结构，该模型提出了一个深度架构，它由多个非线性映射函数组成，这些函数将输入数据映射到一个高度非线性的隐藏空间以捕捉网络结构。

以下公式中使用的参数和符号见表 2-4。参数上"^"表示解码器的参数。

表 2-4 条目与概念

符 号	定 义
n	顶点的数量
K	层数
$S = \{s_1, s_2, \cdots, s_n\}$	网络的邻接矩阵
$X = \{x_i\}_{i=1}^n,\ \hat{X} = \{\hat{x}_i\}_{i=1}^n$	数据和重构数据的输出
$Y^{(k)} = \{y_i^{(k)}\}_{i=1}^n$	k 层隐藏表示
$W^{(k)},\ \hat{W}^{(k)}$	k 层权重矩阵
$b^{(k)},\ \hat{b}^{(k)}$	k 层偏置
$\theta = \{W^{(k)},\ \hat{W}^{(k)},\ b^{(k)},\ \hat{b}^{(k)}\}$	全部参数

二阶近似指的是一对顶点的邻域结构的相似性。给定一个网络 $G = (V, E)$，可以

获得其邻接矩阵 S，包含 n 个实例 s_1，s_2，$\cdots$，s_n。对于每个实例 $s_i = \{s_{i,j}\}_{j=1}^n$，当且仅当 v_i 和 v_j 之间存在链路时，$s_{i,j} > 0$。因此，s_i 描述了顶点 v_i 的邻域结构，S 提供了每个顶点的邻域结构信息。

目标函数如下所示：

$$L_{2\text{nd}} = \sum_{i=1}^n \parallel (\hat{\boldsymbol{x}}_i - \boldsymbol{x}_i) \odot \boldsymbol{b}_i \parallel_2^2 = \parallel (\hat{\boldsymbol{X}} - \boldsymbol{X}) \odot \boldsymbol{B} \parallel_F^2 \qquad (2\text{-}49)$$

其中，$\odot$ 表示 Hadamard 乘积，$\boldsymbol{b}_i = \{b_{i,j}\}_{j=1}^n$。如果 $s_{i,j} = 0$，则 $b_{i,j} = 1$，否则 $b_{i,j} = \beta > 1$。现在通过使用修正的深度自编码器以邻接矩阵 S 为输入，具有相似邻域结构的顶点将在表示空间中被映射得更近，这由重建标准保证。

不仅需要保持全局网络结构，还必须捕获局部结构。该模型使用一阶近似来表示局部网络结构。该模型采用监督组件来利用一阶近似。这个目标的损失函数定义如下：

$$L_{1st} = \sum_{i,j=1}^n s_{i,j} \parallel \boldsymbol{y}_i^{(K)} - \boldsymbol{y}_j^{(K)} \parallel_2^2 = \sum_{i,j=1}^n s_{i,j} \parallel \boldsymbol{y}_i - \boldsymbol{y}_j \parallel_2^2 \qquad (2\text{-}50)$$

上式的目标函数借鉴了拉普拉斯特征映射（laplacian eigenmaps）的思想，当相似的顶点在嵌入空间中被映射得很远时，会引入一个惩罚项。

为了同时保留一阶和二阶近似，提出了一个半监督模型，该模型结合了式（2-50）和式（2-49），并共同最小化以下目标函数：

$$L_{\text{mix}} = L_{2\text{nd}} + \alpha L_{1st} + v L_{\text{reg}} = \parallel (\hat{\boldsymbol{X}} - \boldsymbol{X}) \odot \boldsymbol{B} \parallel_F^2 + \alpha \sum_{i,j=1}^n s_{i,j} \parallel \boldsymbol{y}_i - \boldsymbol{y}_j \parallel_2^2 + v L_{\text{reg}}$$

$$(2\text{-}51)$$

其中，L_{reg} 是一个 $L2$ 范数正则化项，用于防止过拟合，定义如下：

$$L_{\text{reg}} = \frac{1}{2} \sum_{k=1}^K (\parallel \boldsymbol{W}^{(k)} \parallel_F^2 + \parallel \hat{\boldsymbol{W}}^{(k)} \parallel_F^2) \qquad (2\text{-}52)$$

☑ 本章小结

首先，介绍了网络表示学习及其评价指标；其次，介绍了图神经网络及其主流模型图卷积网络、图注意力网络、异构图神经网络、高阶图神经网络、图小波神经网络和时序卷积网络；而后介绍了多关系图对比学习的基本框架和工作原理；最后，介绍了深层自编码架构的原理。

第3章　基于高阶图卷积神经网络模型的时序网络嵌入方法

近年来，网络科学在复杂系统的建模中非常流行，并被应用于许多学科，如生物网络、交通网络和社交网络。网络可以用图形化的方式表示：$G(V, E)$，其中 $V = \{v_1, v_2, \cdots, v_n\}$ 表示一组节点，n 为网络中的节点数，$E \subseteq \{V \times V\}$ 表示一组链路（边）。然而，在现实世界中，大多数网络都不是静态的，而是随着时间的推移不断演化的，这种网络被称为时序网络。一个时序网络可以被定义为 $G_t = (V, E_t)$，它表示一个网络 $G(V, E)$ 随着时间的推移不断演化并生成一个快照序列 $\{G_1, G_2, \cdots, G_T\}$，其中 $t \in \{1, 2, \cdots, T\}$ 表示时间戳。时序网络分析的关键是如何从不同时间点的网络快照中学习有用的时序和空间特征。最有效的时序网络分析方法之一是时序网络嵌入，其目的是将网络的每个快照的每个节点映射到一个低维空间中。这种时序网络嵌入方法在链路预测、分类和网络可视化中是非常有效的。然而，时序网络分析中最大的挑战是显示出每个时间戳处的空间结构和随时间变化的时序特性。

在过去的几年出现了许多网络嵌入方法。DeepWalk 方法采用神经网络来学习节点的表示；GraphSAGE 方法利用节点特性信息来有效地为以前看不见的数据生成节点嵌入；但这两种方法都侧重于静态网络。为了获得时序网络的嵌入，学者们提出了以下方法，BCGD 方法只捕获空间特征；LIST 方法和 STEP 方法通过矩阵分解捕获时空特征；然而，由于它们是基于矩阵分解的，因此不能表示高度非线性的特征。目前，深度学习技术的出现为这一领域带来了新的见解。tNodeEmbed 方法学习了一个时序网络的节点和边随时序的演化；而 DCRNN 方法提出了一个扩散卷积循环神经网络来捕获时空依赖性；为了实现有效的流量预测，STGCN 方法取代了积分图卷积和门控时序卷积的规则卷积和循环单元；灵活的深度嵌入方法（network embedding via deep learning, NetWalk）利用改进的随机游走方法来提取网络的空间和时序特征；DySAT 方法通过联合自注意以及结构邻域和时序动态的两个维度来计算节点表示；而动态图 dyngraph2vec 使用由密集层和循环层组成的深度架构来学习网络中的时序转换。然而，这些方法并不是学习不同跳点和快照下邻居的混合时空特征表示。因此，时序网络的表示能力仍然不足。

为了解决上述问题，本章提出了一种用于时序网络分层嵌入的时空高阶图卷积网络框架(spatial-temporal higher-order graph convolutional network framework，ST-HN)。一些工作表明，提取每个节点的空间关系可以作为每个节点的有效特征表示。此外，时序网络的当前快照的拓扑结构源于上一个快照的拓扑，需要结合上一个快照来提取当前快照的时空特征。受这些想法的启发，本章开发了一种截断的分层随机游走抽样算法(truncated hierarchical random walk sampling algorithm，THRW)来提取网络的空间和时序特征，该算法从当前快照到前一个快照中随机采样节点，并且它可以很好地提取网络的时空特征。因为这些快照更接近当前的快照，因此对时序特性的贡献比当前快照更多。THRW 还包含了一个衰减系数，为更近期的快照分配更长的游走长度，这可以更好地保持时序网络的演化行为。受社交网络的启发，用户的朋友包含某些信息，而他们朋友的朋友包含着不同的信息，这些信息都是有用的，所以本章将这些特征综合起来考虑，改进了最先进的方法——高阶图卷积架构，通过改进可以让该方法拥有嵌入节点的功能，它可以分层地聚集时空特征，并进一步增强每个快照的时序依赖性。此外，它还可以学习不同跳点和快照下邻居的混合时空特征表示。最后，为了验证该改进方法的性能，本章测试了嵌入式向量在链路预测任务上的表现情况。ST-HN 框架的情况如图 3-1 所示，其中图(a)表示模型输入的内容是一个时序网络 G_t；图(b)表示一个时空特征提取层，它提取 $\Gamma(v, t_{Sta}, t_{End})$ 的每个网络快照的每个节点 v；图(c)表示一个嵌入层(ST-HNs)，它将每个快照的每个节点映射到它的 d 维表示；图(d)表示模型输出：Y_t，$t \in \{1, 2, \cdots, T\}$，其中每个 $Y_t \in \mathbf{R}^{N \times k}$ (N 为节点数，k 为维数)是 G_t 的表示。

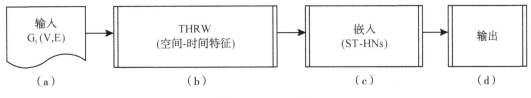

图 3-1 ST-HN 框架

本章提出了一个模型 ST-HN 来执行时序网络嵌入。该模型改进了高阶图卷积结构(higher-Order graph convolution architectures via sparsified neighborhood mixing，MixHop)，分层聚合时序和空间特征，可以更好地学习邻居在不同跳点和快照下的混合时空特征表示，并进一步加强每个网络快照的时序依赖性。本章还提出了一种基于时空特征提取的 THRW 方法。该方法采用随机游走的策略从当前快照到之前的快照对当前

节点 v 的邻居节点进行采样,该策略可以很好地提取网络的时空特征。它还包含了一个衰减系数,为更近期的快照分配更长的游走路径长度,这可以更好地保持时序网络的演化行为。大量的链路预测实验表明,本章的 ST-HN 始终优于一些先进的对比模型。

3.1　问 题 定 义

本章介绍了一些定义,并正式描述了研究问题。

定义 3.1(节点的 W 步游走的邻居):设 $G(V, E)$ 是一个网络。对于给定的节点 v,它的 W 步游走的邻居被定义为包含网络 G 上使用随机行走算法的所有 W 步之内经历过的节点的多集 $N(v, W)$。

定义 3.2:设 $G_t = (V, E_t)$ 是一个时序网络。对于节点 v,它的所有 W 步游走的邻居从时间点 t_{Sta} 直到时间点 t_{End}(换言之 $t_{Sta} \leqslant t_{End}$)都被定义为 $\Gamma(v, t_{Sta},$ $t_{End}) = \bigcup\limits_{t=t_{Sta}}^{t_{End}} \{N^t(v, W^t)\}$,其中 W^t 表示在时间戳 t 随机游走的步数,并且 $W^{t-1} = a * W^t$,其中 a 表示 0 到 1 之间的衰减系数,并且 $N^t(v, W^t)$ 是一个网络快照 G_t 中节点 v 的 W 步游走的邻居的多集,其中 $t \in \{t_{Sta}, \cdots, t_{End}\}$。

时序网络嵌入:对于一个时序网络 $G_t = (V, E_t)$,通过时间戳 t,本章可以将其均匀地划分为一组快照序列 $\{G_1, G_2, \cdots, G_t\}$。对于每个快照 G_t,本章的目标是学习一个映射函数 $f^t: v_i \to \mathbf{R}^k$,其中 $v_i \in V$,k 表示维度,$k \ll |V|$。函数 f^t 的目的是保持 v_i 和 v_j 在时间戳 t 上给定网络的网络结构和演化模式的相似性。

3.2　方 　 法

3.2.1　时空特征提取方法

对于每个节点 v 来说,本章提出了一种截断的层次随机游走抽样算法(truncated hierarchical random walk, THRW)(见表 3-1 算法 1)来采样 $\Gamma(v, t_{Sta}, t_{End})$。算法 1 有三个参数:在快照 t 中,W^t 是一个给定节点进行随机游走的步数,N 是一个采样窗口大小,当采样 v 的节点的时候,它定义了要将多少之前的网络快照考虑在内。另外,a 是一个衰减系数,它表明了当前快照的上一个快照有更多的游走步数(参考定义 3.1 和定义 3.2 中这些参数的更多细节)。在算法 1 中,每个 $X[i]$ 表示在时间点 i 时,网络中所有节点的节点集。换句话说，是 $\Gamma(v, i-N+1, i)$，因此 X 包含所有这样的集合，也就是说，$X[i]$，$i \in \{1, 2, \cdots, T\}$，表示完整的网络快照序列。第一层循环用于从时序网络 $G_t(V, E)$ 中选择时间点 i 时的快照，其目的是遍历所有的快照。该算法从 N 个快照中提取空间和时序特征，以更好地模拟时序网络的演化行为。如果前面快照的数量大于 N，则在快照 $i-N+1$ 和 i 之间进行邻居节点的采样。否则，它只从第一个快照采样到当前的快照 i。第二个循环是对网络中每个节点的邻居集进行采样，如图 3-2 所示。时序网络中有 6 个节点，本章使用前 2 个快照对当前快照 G_t 中的节点 1 提取特征。如果本章设置为 $W^t = 8$ 并且 $a = 0.5$，那么对于快照 G_t 来讲，随机游走的长度为 8 并且采样节点的多集为 $\{1, 2, 3, 1, 5, 4, 3, 1\}$。对于快照 G_{t-1} 来讲，随机游走长度是 4 并且采样节点的多集为 $\{1, 2, 3, 2\}$；对于快照 G_{t-2} 来讲，随机游走长度为 2 并且采样节点的多集为 $\{1, 2\}$。然后，本章将前 2 个快照的采样节点合并，作为快照 G_t 的节点 1 的最终特征 G_t：$\{1, 2, 3, 1, 5, 4, 3, 1, 1, 2, 3, 2, 1, 2\}$。

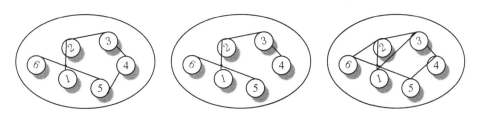

图 3-2 THRW 算法：一个说明性的例子

3.2.2 时空高阶图卷积时序网络

本章提出的模型是基于稀疏化邻域混合（higher-order graph convolutional architectures via sparsified neighborhood mixing, MixHop）的高阶图卷积架构，该模型混合不同距离的邻域的特征表示来学习邻域混合关系。更准确地说，它结合了 1 跳，2 跳，…，等不同的特征空间中的邻居，这样它可以有效地聚合网络中不同跳的特征。MixHop 的每一层的正式定义如下：

$$H^{(i+1)} = \|_{j=0}^{P} \sigma(L^j H^{(i)} W_j^{(i)}) \tag{3-1}$$

其中，$H^{(i)} \in \mathbf{R}^{N \times d_i}$ 和 $H^{(i+1)} \in \mathbf{R}^{N \times d_{i+1}}$ 是第 i 层的输入和输出。N 表示网络节点数。$W_j^{(i)} \in \mathbf{R}^{d_i \times d_{i+1}}$ 是一个权重矩阵。σ 是一个非线性激活函数。L^j 是一个对称归一化的拉普拉斯矩阵，可以用 $L^j = D^{-\frac{1}{2}} A D^{\frac{1}{2}}$ 来构造该拉普拉斯矩阵。A 是一个具有自连接的邻接矩阵：$A =$

$A + I_N$，其中 I_N 是一个自连接矩阵。D 是一个对角的表示度的矩阵，且 D 的定义为 $D_{mm} = \sum_n A_{mn}$，其中 m 表示一行，n 表示一列，j 为 L 的幂数，取值范围为从 0 到 P。L^j 表示矩阵 L 乘以矩阵自身 j 次，‖ 表示列级连接。例如，L^2 表示特征空间中的 2 跳邻居。MixHop 模型可以在相邻的邻居和更远的邻居之间的不同特征空间学习特征，从而具有更好的表示能力。然而，对于时序网络，MixHop 不能捕捉到它们的时序特征。本章的模型 ST-HNs 改进了 MixHop，并利用一个聚合器来学习不同跳点和快照下邻居的混合时空特征表示。

为了解决上述问题，本章提出了时空高阶图卷积时序网络(ST-HNs)，其中每个快照的每个节点通过之前的快照 A 从它们的 1 跳邻居到 P 跳邻居的空间和时序特征都聚合起来。通过这种方式，它可以在不同的跳数和快照中学习邻居的混合时空特征表示。本章模型的正式定义如下：

$$\begin{cases} \| \{ \oplus (\boldsymbol{Y}_{t-A}, \cdots, \boldsymbol{Y}_{t-1}), \boldsymbol{X}_t \}, & i \in (1, 2, \cdots, M) \\ \|_{j=0}^{P} \sigma (\boldsymbol{L}^j \boldsymbol{H}^{(i-1)} \boldsymbol{W}_j^{(i-1)}), & i = 0 \end{cases} \tag{3-2}$$

其中，P 是定义网络中不同跳数聚合特征的幂数，M 是层数，‖ 表示连接操作，A 是时间窗口尺寸，该数值定义了用于聚合时空特征的快照的数量，并且操作符 $\oplus$ 表示一个聚合器。本章采用门控循环单元(gated recurrent unit, GRU)聚合器对之前的 A 快照的时序特征进行聚合，这可以进一步增强时序网络每个快照的时序依赖性。GRU 聚合器是基于 GRU 体系结构的。输入是多个网络快照 $\{ \boldsymbol{Y}_{t-A}, \cdots, \boldsymbol{Y}_{t-2} \}$ 并且真实且标准数据是最近的快照 $\boldsymbol{Y}_{t-1}$，其中 $\boldsymbol{Y}_{t-1} \in \mathbf{R}^{N \times k}$ 是 G_{t-1} 的表示，其中 N 表示节点数，k 表示维度，$k \ll N$。$\boldsymbol{Y}_1$ 可以从 MixHop 的 M 层获取，如式(3-1)所示。如果以前的快照数量大于 A，则在 $t-A$ 和 $t-1$ 快照之间执行聚合。否则，它只从第一个快照聚合到快照 $t-1$。本章利用输入和真实数据来训练 GRU 模型和更新参数。训练结束后，窗口向前移动一步，以获得时序特征 $\boldsymbol{Y}$ 的表示。将 $\boldsymbol{Y}$ 与 $\boldsymbol{X}_t$ 连接，得到聚合的时空特征 $\boldsymbol{H}^0$，其中 $\boldsymbol{X}_t \in \mathbf{R}^{N \times d_0}$ 为 t 时刻快照中的每个节点的特征矩阵，并且该特征矩阵由 THRW 算法得到(见表 3-1)。模型输入的内容即为聚合的时空特征 $\boldsymbol{H}^0$。通过 M 次 ST-HNs 层，模型输出为 $\boldsymbol{H}^M = \boldsymbol{Z} \in \mathbf{R}^{N \times d_w}$，其中 $\boldsymbol{Z}$ 是一个已学习过的特征矩阵。$\boldsymbol{Z}$ 包含了不同跳点和快照下邻居的混合时空特征表示，可以更好地保留时序网络的时空特征。对于每个快照，要学习这些表示，需要 z_u，$u \in V$，在一个完全无监督的情景下，本章使用一个基于图的损失函数来调整权重矩阵 ω_{ji}，$j \in (1, 2, \cdots, P)$，$i \in (1, 2, \cdots, M)$。损失函数使得附近的节点具有相似的表示方式，并使不同节点的表示方式高度不同：

$$\text{Loss} = \frac{1}{N} \sum_{u=1}^{N} (z_u - \text{Mean}(\text{Adj}(z_u)))^2 \tag{3-3}$$

其中，N 为节点数，$\mathrm{Adj}(z_u)$ 得到 u 的邻域节点表示。Mean 表示作平均处理。

表 3-1　　　　　　　　　　　　　　　　算　法　1

算法 1：截断分层随机游走抽样（THRW）
输入：$G_t(V, E_t)$：一个时序网络；

输入：$G_t(V, E_t)$：一个时序网络；

　　　W^t：快照 t 的步数；

　　　N：采样时间窗口的尺寸；

　　　a：衰减系数；

输出：$X[i]$，$i \in \{1, 2, \cdots, T\}$，其中每个 $X[i]$ 由每个节点 v 的窗口大小为 N 的网络快照内的邻居集组成；

```
1   for i ∈ {1, 2, ⋯, T} do
2     if i − N ≤ 0 then
3       for v ∈ V do
4         X[i].add(Γ(v, 1, i)) ;
5       end
6     else
7       for v ∈ V do
8         X[i].add(Γ(v, i − N + 1, i)) ;
9       end
10    end
11  end
```

3.3　实　验

本章描述了数据集和对比模型，并给出了实验结果，实验结果显示了 ST-HN 对时序网络链路预测的有效性。

3.3.1　数据集和对比模型

本章从 KONECT 项目的不同领域中选择了四个时序网络。所有的网络都有不同的规模和属性。它们的统计特性如表 3-2 所示。Hep-Ph 数据集是科学论文作者的合作网络。节点表示作者，边表示常见的出版物。在实验中，本章选择 5 年（1995—1999），并表示为 H_1 至 H_5。Digg 数据集是社交新闻网站的回复网络，节点是该网站的用户，边表示一个用户回复了另一个用户。本章按天将它均匀地合并成 5 个快照，并将其表示为 D_1 到 D_5。Facebook wall posts(FWP)数据集是脸书(Facebook)上其他用户墙上的帖子的定向网络，节点表示 Facebook 用户，每条有向边表示一个帖子。在实验中，本章将 2004 年和 2005 年的数据合并成一个网络快照，并将其定义为 W_1。其余的数据被定义为 W_2 至 W_5，每个快照都包含一个为期一年的网络结构。安然数据集是一个电子邮件网络，在 1999 年至 2003 年安然员工之间发送的，节点表示员工，边是单独的电子邮件。本章在 2000-01 至 2002-06 间每半年选择 5 张快照，并将它们表示为 E_1 至 E_5。在实验中，本章将最后一个快照作为网络预测的真实值，并将其他快照用于训练模型。

表 3-2　　　　　　　　　　　　　四个时序网络的统计数据

网络名称	节点数量	链路数量	聚簇系数	形式
Hep-Ph	28 093	4 596 803	28.0%	间接
Digg	30 398	87 627	0.56%	直接
FWP	46 952	876 993	8.51%	直接
Enron	87 273	1 148 072	7.16%	直接

对比模型：本章将 ST-HNs 与以下对比模型进行比较：LIST 模型将网络动态表示为时间的函数，该模型整合了时序网络的时空一致性；BCGD 模型提出了一个链路预测的时序隐藏空间模型，该模型假设两个节点在隐藏空间中彼此接近，此时有较大可能形成一个链路；STEP 模型利用联合矩阵分解算法，同时对时空约束进行学习，从而对网络演化进行建模；NetWalk 模型通过团嵌入，随着网络的演化而动态更新网络表示，重点关注异常检测，并采用其表示向量对链路进行预测。

参数设置：在实验中，本章随机生成隐藏的边，该边在生成数量上比实际存在链路的边少两倍，以确保数据平衡。对于 Hep-Ph 和 Digg 这两个数据集，本章将嵌入维度设置为 256。对于 Facebook wall posts 数据集和 Enron 数据集，本章将嵌入维度设置为 512。对于不同的数据集，对比模型的参数被调整为最优。其他设置包括：模型的学习速率设置为 0.0001，次幂数 P 设置为 3，游走的步数 W 设置为 200，时间窗口 A 设置为 3，采样时间窗口 N 设置为 3，ST-HNs 层数 M 设置为 5，衰减系数 a 设置为 0.6。对于实验结果，本章采用曲线下的面积(area under curve，AUC)来评估不同方法对未来网络行为的预测能力，本章独立进行了 5 次实验，并报告了每个数据集的平均 AUC 值。

3.3.2 实验结果

本章将提出的模型在 4 个数据集上链路预测的性能与 4 个对比模型进行了比较。本章使用 ST-HNs 将每个节点嵌入为每个快照中的一个向量。然后，本章使用 GRU 来预测最后一个快照中的每个节点的向量表示。最后，本章利用所得到的表示预测类似于网络结构 DySAT。表 3-3 总结了在 4 个数据集上应用不同嵌入方法进行链路预测的 AUC 值。与其他模型相比，本章的模型 ST-HN 的性能最好。本质上，本章使用 THRW 算法对每个节点 v 进行 $\Gamma(v, t_{Sta}, t_{End})$ 采样，可以更好地捕获每个节点的时空特征。它还包含了一个衰减系数，为更近期的快照分配更长的游走路径长度，可以更好地保持时序网络的演化行为。然后将 ST-HNs 应用到嵌入节点的时空特征上，这样可以分层聚合时空特征，学习邻居在不同跳点和快照下的混合时空特征表示，并进一步加强每个快照的时序依赖性。这样，本章的嵌入方法就可以很好地保持网络的演化行为。

表 3-3   预测结果(AUC 值)

模型名称	Hep-Ph	Digg	FWP	Enron
BCGD	0.60	0.68	0.74	0.64
LIST	0.63	0.73	0.72	0.67
STEP	0.61	0.74	0.76	0.71
NetWalk	0.69	0.71	0.74	0.72
ST-HN	**0.74**	**0.81**	**0.83**	**0.79**

3.3.3 参数敏感性分析

本节进一步进行了参数敏感性分析，结果总结如图 3-3 所示。具体地说，本章估计了次幂 P 和时间窗口 A、步数 W 和衰减系数 a 对链路预测结果的影响的不同。

幂数 P：本章将次幂从 1 变到 5，以证明改变这个参数的效果。随着 P 从 1 增加到 3，由于在当前节点中混合了更多跳数的邻居信息，性能会持续提高。最好的结果是在 $P = 3$ 时(细节如图 3-3(a)所示)，在此之后，性能略有下降或保持不变，而 P 继续上升。其原因可能是离当前节点越远，关于当前节点的信息就越少。

时间窗口大小 A： 由于 Digg 数据集包含 16 天的记录，本章按天将其分割并且生成 16 个快照。因为 Digg 数据集比其他的数据集有更多的快照，本章选择 7 个快照来分析参数 A。本章将窗口大小从 1 改变到 6 来检查改变这个参数的效果。结果表明，当 A = 3 时取得的效果最好。其原因可能是，快照与当前快照越近，就可以捕获关于当前快照的更多信息。但当 A 不断增加时，精度不再增加（见图 3-3(b)）。

步数 W 和衰减系数 a： 因为 W 和 a 共同决定了当前节点的采样规模，所以本章将这两个参数放在一起进行分析。当分析 W 时，将 a 设置为 0.6。实验结果表明，当 W = 200 时，其性能最好；当 W 从 50 增加到 200 时，性能继续提高。原因可能是采样的节点越多，包含的当前节点的特征就越多。但当 W 不断增加时，准确率不再增加。当分析 a 时，将 W 设置为 200。实验结果表明，当 a = 0.6 时，其性能最好；随着 a 从 0.2 增加到 0.6，性能将继续增强。原因可能是，随着采样特性数量的增加，前一个快照包含对当前快照有用的特征，之后，性能略有下降或保持不变，而 a 继续增加（细节如图 3-3(c)(d)所示）。

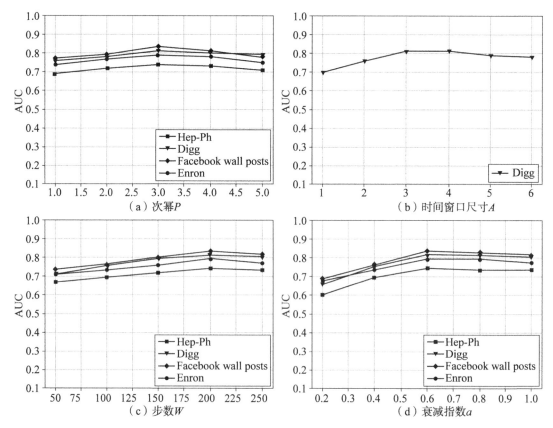

图 3-3　参数敏感性分析

📝 本章小结

　　本章提出了一种新的有效的框架 ST-HN，用于时序网络的嵌入，并通过大量的实验证明了其在链路预测中的有效性。特别地，本章提出的 THRW 算法来提取每个快照中的时空特征来建模网络演化。此外，本章提出的 ST-HNs 框架将节点嵌入网络，可以学习不同跳点和快照下邻居的混合时空特征表示，并且可以很好地保持网络的层次演化行为，进一步增强每个快照的时序依赖性。本章未来的工作将研究不同聚合方法的性能改进，并聚合时序网络中的其他信息。

第4章　基于注意力机制网络嵌入方法

近年来，网络嵌入（即网络表示学习）越来越受到关注。这些技术已经在链路预测和节点分类等方面证明了其有效性。然而，在现实世界中，许多网络包含丰富的属性，这些属性可以基于网络是否包含时序信息，被分类为静态属性网络和时序属性网络。例如，在引文网络中，作者可能包含诸如机构、研究兴趣和合著者等资料，这些资料可能随时序发展而变化。社交科学理论表明，节点属性可以被整合进网络的拓扑结构中，以提高许多下游应用的性能。特别是在稀疏网络中，属性信息对于更好地学习网络表示非常有用。然而，大多数以往的网络嵌入方法仅针对忽略节点属性的普通网络拓扑结构而进行设计。因此，使用属性特征来理解网络的复杂行为是至关重要的。

通过第1章国内外研究背景可知，现有的关于属性网络的网络嵌入方法由于忽略时序信息，仅限于处理静态属性网络，并且现有的这些方法侧重于普通网络拓扑结构，而忽略了时序网络的网络属性信息，导致下游应用性能不足。在现实生活中，时序网络中的节点总是包含丰富的属性信息。由前文分析可得大多动态网络嵌入方法都没有考虑将属性特征整合到拓扑特征中以提取特征，所以特征表示能力不足。因此，使用属性特征来洞察并理解网络的复杂行为是必要的。

为解决上述问题，本章提出了两种新的模型，静态自注意网络（static self-attention networks，SWAS-SAN）和时序自注意网络（temporal self-attention networks，SWAD-TSAN），分别有效地学习静态和时序属性网络嵌入。这两种模型都使用拓扑特征和属性特征来深入嵌入节点，其模型分别在图 4-2 和图 4-3 中描绘。受到 Mo 等（2021）和 Ahmed 等（2016）的启发，本章提出了两种基于高阶权重和节点属性的随机游走采样算法，以有效捕获给定节点的拓扑特征。Ahmed N. M. 等（2016）的研究只考虑直接邻居的权重，而忽略了 k 跳邻居的权重和给定节点的节点属性信息。社交理论表明，共享共同好友的人很可能分享相似的感兴趣的内容并成为朋友。图 4-1 是一个新闻网络的示例图，其中包含用户和新闻节点，用户 1 和用户 2 查看新闻 2，而用户 2 和用户 3 查看新闻 3，因此用户可能有相同的兴趣。然而，用户 1 和用户 2 处于 2 跳拓扑关系，而用户 1 和用户 3 处于 4 跳拓扑关系。可以看出，高跳连通性也包含丰富的语义。通俗地说，朋友的朋友很可能成为朋友。因此，在现实生活中的网络，节点的 k 跳邻居也包含有关节点的宝贵信息。此外，节点也拥有大量的属性，结合这些信息以提取给定节点的特征是必要且重要的。因此，本章提出了一种算法，它可以根据节点属性、邻居和邻居的邻居，从节点中提取拓扑特征。对于静态属性网络，该算法将 1 阶到 k 阶权重和节点属性相似度整合到一个加权图中，本章将该算法命名为 SWAS。对于时序属性网络，该算法将包含 1 阶到 k 阶权重的网络的先前快照和节点属性相似度整合到一个加权图中，此外，该算法使用衰减系数，以确保更近的快照分配到更大的权重，本章将该算法命名为 SWAD。然后，粒子根据加权图游走以提取拓扑特征。通过这种方式，SWAS 和 SWAD 都可以更好地保存静态属性网络和时序属性网络的网络结构。然后，本章使用 SAN 来嵌入节点。对于静态属性网络，本章使用 GATs 来学习节点表示，它对于建模静态网络稳定且强大。对于时序属性网络，本章使用基于注意力的动态图表示学习（attention-based dynamic graph representation learning，TemporalGAT）。TemporalGAT 是一个稳定且强大的网络嵌入框架，其整合了 TCN 和 GAT。然而，这两者只使用网络拓扑或网络属性信息来学习 SAN 的结构自注意层中节点对之间的重要性系数，这在显示网络拓扑信息方面是不够的。受社交科学理论的启发，节点属性可以作为补充内容被整合到网络拓扑结构中，以增强特征表示的能力。因此，本章将网络拓扑和节点属性结合起来，共同学习结构自注意层中节点对之间的重要性系数。

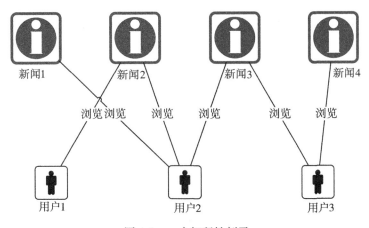

图 4-1　一个解释性例子

　　本章提出了 SWAS-SAN 和 SWAD-TSAN 两种模型，用于在静态和时序属性网络中进行节点嵌入。这两种模型均结合了网络拓扑和节点属性，共同学习 SAN 的结构自注意层中节点对之间的重要性系数，有效展示了网络的拓扑关系。本章还提出了两种基于高阶权重和节点属性的随机行走采样算法，用于提取静态和时序属性网络中的给定节点的拓扑特征。在静态属性网络的节点分类和时序属性网络的链路预测中的实验结果表明，本章的方法与多种对比模型相比具有竞争力。

4.1　问 题 定 义

接下来引入一些定义和研究问题

定义 4.1(静态属性网络)：本章使用 $G(V, E, A)$ 来表示一个静态属性网络，其中 $V = \{v_1, v_2, \cdots, v_n\}$ 描述一组节点，n 表示节点数量，$E = \{e_{ij}\}$ 描述一个边的集合，e_{ij} 表示 v_i 和 v_j 之间存在边，$A \in \mathbf{R}^{n \times c}$ 是节点的属性矩阵，c 是属性维数。

定义 4.2(时序属性网络)：本章使用 $G_t = (V, E_t, A_t)$ 来表示一个时序属性网络，其中 V 为一个节点的集合，$E_t = \{e_{ij}\}$ 为时间戳 t 中的一个边的集合，$A_t \in \mathbf{R}^{n \times c}$ 是时间戳 t 时节点的属性矩阵。通过使用时间戳 t，将其划分为一个快照序列 $\{\tilde{G}_1, \tilde{G}_2, \cdots, \tilde{G}_t\}$。

定义 4.3(属性网络嵌入)：本章可以将时序属性网络 $G_t = (V, E_t, A_t)$ 按时间戳 t 划分为一个快照序列(即静态属性网络) $\{\tilde{G}_1, \tilde{G}_2, \cdots, \tilde{G}_t\}$。本章的目标是学习每个快照 $\tilde{G}_t$ 的映射函数 $f^t: v_i \rightarrow \mathbf{R}^k$，其中 $v_i \in V$ 且 k 表示维度，且 k 远小于 $|V|$。函数 f^t 的目的是在给定网络的从时间戳 1 到 t 的拓扑结构、节点属性和演变模式上保持 v_i 和 v_j 之间的节点相似性。

4.2　静态属性网络嵌入

本章首先介绍用于静态属性网络嵌入的框架，称为 SWAD-SAN，如图 4-2 所示，图(a)表示模型输入，输入内容为静态属性网络，圆圈表示节点，矩形表示节点属性；图(b)表示特征提取层，根据 1 阶到 k 阶权重、节点属性相似度提取特征；图(c)表示嵌入层，采用自注意力网络(self-attention network，SAN)将每个节点嵌入低维向量；图(d)表示模型输出采用嵌入向量进行网络任务分析。具体来说，本章首先提出了一种基于高阶权重和节点属性 SWAS 的随机游走算法，以提取静态属性网络中每个节点的特征。将属性特征整合到采样特征中，并输入到 SAN 中进行网络嵌入。

4.2.1　拓扑特征提取

经典的拓扑特征提取算法包括 DeepWalk 和 Node2vec。然而，上述两种方法均未

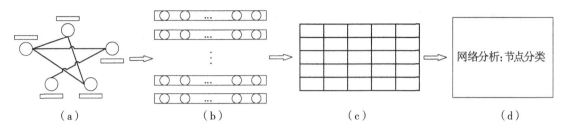

图 4-2 静态模型概述：静态自注意力网络(SWAS-SAN)框架

考虑依据高阶权重和节点属性来采样邻居节点。因此，两者都不足以显示出网络拓扑。相反，本章提出了一种基于高阶权重和节点属性 SWAS 的随机行走算法，用于在静态属性网络中为每个节点 v 采样节点。该算法将 1 阶到 k 阶权重以及节点的属性相似度整合到加权图中。因此，加权图保留了静态属性网络的拓扑特征和属性特征。然后粒子根据权重游走。本章根据上述思想设计权重矩阵。

权重矩阵：在本章中，采用邻接矩阵 B 来表示静态属性网络 $G = (V, E, A)$ 的拓扑结构。本章定义 b_{ij} 来表示 B 中的元素，它表示非加权网络和加权网络中节点之间的二进制值或连接强度。在本章的实验中，非加权网络被转换为加权网络。本章使用节点 i 和 j 共享的邻居数量加上元素 b_{ij} 作为非加权网络中节点 i 和 j 的权值。属性特征表示为属性矩阵 A。本章使用 a_i 来表示属性矩阵 A 的第 i 行。它定义了节点 i 的属性向量。本章定义节点属性相似度矩阵为 C。C 中的元素表示为 c_{ij}，可以通过下式获得：

$$c_{ij} = \cos(a_i, a_j) = \frac{(a_i \times a_j)}{\| a_i \| * \| a_j \|} \tag{4-1}$$

其中 a_i 和 a_j 分别是节点 i 和节点 j 的属性向量，$\cos(a_i, a_j)$ 是 a_i 和 a_j 之间的余弦相似度。c_{ij} 的值介于 $[-1, 1]$ 之间，值越大，节点属性 i 和节点属性 j 之间的相似度就越高。根据上述定义，本章设计权重矩阵公式：

$$W = \sum_{k=1}^{k} B^k + C \tag{4-2}$$

其中，B^k 表示节点之间的 k 跳关系。本章定义 ω_{ij} 来表示 W 中的元素，其中 i 表示行，j 表示列，ω_{ij} 表示节点 i 和节点 j 之间的强度。因此，W 将 1 阶到 k 阶的权重和节点属性相似度保存到一个权重图中。它可以在权重图上合并属性和拓扑特征。

特征提取：转移概率 s_{ij} 被定义为节点 i 走向节点 j 的概率。

$$s_{ij} = \frac{\omega_{ij}}{\sum_{v_k \in N(v_i)} \omega_{ik}} \tag{4-3}$$

本章使用 ω_{ij} 来表示权重矩阵 W 的 (i, j) 元素，$N(v_i)$ 表示 v_i 的邻居集。表 4-1 展

示了算法的详细描述。

表 4-1 列出了算法 1，其中有两个参数：R 表示随机游走的次数。L 表示源节点 v 的游走长度。Z 表示网络中节点的采样特征，而 z^v 表示节点 v 的采样拓扑特征。$N(v)$ 定义了 v 的邻居集。在第一个循环中遍历每个节点 $v \in V$。基于转移概率矩阵，本章在第二和第三个循环中为每个 $v \in V$ 采样拓扑特征。

表 4-1　　　　　　　　　　　　　　　　　算　法　1

算法 1：SWAS

输入： $G\langle V, E, A\rangle$：一个静态属性网络；

　　　　R：采样路径的数量；

　　　　L：采样路径的长度；

输出：Z，其中每个 Z 表示网络中每个节点的采样拓扑特征；

1　　基于式(2-3)计算矩阵 S；

2　　for $v \in V$ do

3　　for $p \in \{1, 2, \cdots, R\}$ do

4　　　$v_{1,p} = v$；

5　　　for $q \in \{1, 2, \cdots, L\}$ do

6　　　　基于 S 在 $N(v_{q,p})$ 中选择一个节点 v_{q+1}；

7　　　　向 z^v 中添加节点 v_{q+1}；

8　　　end

9　　end

10　$Z.\text{add}(z^v)$；

11　end

时间复杂度分析： 本章定义 n 来表示节点的数量，k 表示邻接矩阵 B 的阶数，采样路径的长度由 L 表示，采样路径的数量由 R 表示。通过 SWAS 算法为静态属性网络中的每个节点 v 生成拓扑特征 Z 的时间复杂度为 $O(R \cdot L \cdot n)$。式(4-2)基于稀疏矩阵乘法构建权重矩阵 W，其复杂度接近 $O(n^k)$。第 1 行花费 $O(R \cdot L \cdot n)$ 时间复杂度计算静态属性网络中所有 n 个节点的矩阵 S_{ij}。考虑到 R、L 和 n 可以被视为常数，算法 SWAS 的时间复杂度为 $O(n^k)$。

4.2.2　节点嵌入

本章提出的模型参考了 GATs 框架来学习静态属性网络的节点嵌入。它对于建模静态网络方面已被验证是稳定且强大的。然而，它忽略了在拓扑结构自注意层中将属性特征整合到拓扑特征中。因此，它显示网络拓扑关系的能力不足。为了解决上述的问题，本章使用一个全新的拓扑结构自注意层，而不是 GATs 的结构自注意层来进行静态属性网络嵌入。

$$y_v = \sigma \Big(\sum_{u \in N_v} \big(b_{uv} W_d (z_u \parallel a_u) \big) \Big) \tag{4-4}$$

其中，σ 表示 LeakyReLU 非线性激活函数，W_d 是共享变换权重，y_v 是给定节点 v 的隐藏表示，N_v 表示 v 的 1 跳邻居，z_u 和 a_u 分别是节点 v 的拓扑特征和节点属性特征的输入表示向量，$\parallel$ 表示连接操作符，b_{uv} 是通过式(4-5)学习的重要性系数。这种方式有效地将属性特征整合到网络拓扑特征中，以增强输出向量的表达能力。

$$b_{uv} = \frac{\exp(e_{uv})}{\sum_{w \in N_v} \exp(e_{wv})} \tag{4-5}$$

$$e_{uv} = \sigma \big(A_{uv} \cdot \big(a^{\mathrm{T}} [W^d z_u \parallel W^d z_v \parallel W_d a_u \parallel W_d a_v] \big) \big) \tag{4-6}$$

其中，A_{uv} 是 u 和 v 之间的边权重，a^{T} 是权重向量参数。b_{uv} 是重要性系数，表示在考虑当前快照的拓扑结构和节点属性的情况下，节点 u 对节点 v 的重要性。因此，节点属性和网络拓扑被结合起来学习节点 u 对节点 v 的重要性系数，这可以有效地显示网络的拓扑关系。接下来，采用交叉熵损失函数根据学习到的节点表示来嵌入节点。

4.3 时序属性网络嵌入

本章介绍了用于时序属性网络嵌入的模型，称为 SWAD-TSAN，如图 4-3 所示，其中图(a)表示模型输入，它是一个时序属性网络；图(b)表示特征提取层，根据 1 阶到 k 阶权重、节点属性相似度提取特征；图(c)表示嵌入层采用时序自注意力网络(temporal self-attention network，TSAN)将每个节点嵌入低维向量，并学习快照之间的时序依赖性；图(d)表示模型输出采用嵌入向量进行网络任务分析。在本章的模型中，首先提出了一个基于高阶权重和节点属性的随机游走算法 SWAD，以提取每个节点的拓扑特征。然后，将属性特征整合到采样的拓扑特征中，并输入到 TSAN 中进行网络嵌入。

4.3.1 拓扑特征提取

本章提出了一个基于高阶权重和节点属性的随机游走算法 SWAD，用于采样时序属性网络中的每个节点 v。该算法合并了包含 1 阶到 k 阶权重的网络的先前快照，以

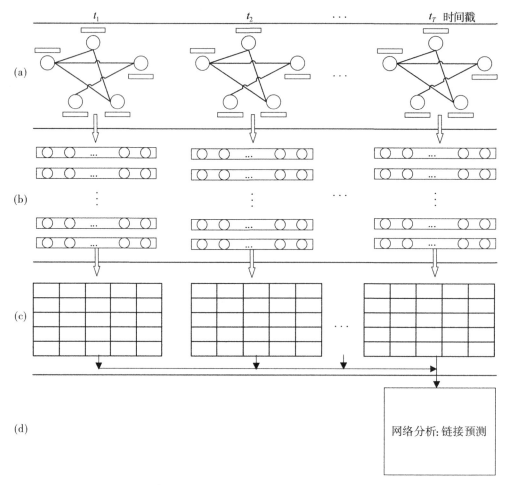

图 4-3　时序模型概述：时序自注意网络(SWAD-TSAN)框架

及节点属性相似性，从而形成一个加权图。此外，该算法使用衰减系数确保最近的快照分配更大的权重。因此，加权图保留了时序属性网络的拓扑特征、时序特征和属性特征。然后，粒子根据权重进行游走。本章基于上述思想设计了权重矩阵。

权重矩阵：本章将时序属性网络 $G_t = (V, E_t, A_t)$ 按时间戳 t 划分为一个快照序列 $\{\tilde{G}_1, \tilde{G}_2, \cdots, \tilde{G}_T\}$，其中 $t \in \{1, 2, \cdots, T\}$。本章采用邻接矩阵 $\{B_1, B_2, \cdots, B_T\}$ 来表示每个快照的拓扑结构。本章定义 b_{ij} 来表示 B_t 的元素，它表示无权网络和加权网络之间节点的二进制值或连接强度。在本章的实验中，无权网络被转换为类似于 3.1 节中所述的加权网络。每个快照的属性特征由属性矩阵 $\{A_1, A_2, \cdots, A_T\}$ 表示，属性矩阵 A_t 的第 i 行是 a_i，它表示节点 i 的属性向量。每个快照的节点属性相似度矩阵定义为 $\{C_1, C_2, \cdots, C_T\}$。$C_t$ 中的元素可以表示为 c_{ij}^t，可通过下式获得：

$$c_{ij}^{t} = \cos(\boldsymbol{a}_i, \boldsymbol{a}_j) = \frac{(\boldsymbol{a}_i \times \boldsymbol{a}_j)}{\| \boldsymbol{a}_i \| * \| \boldsymbol{a}_j \|} \qquad (4\text{-}7)$$

其中，$\boldsymbol{a}_i$ 和 $\boldsymbol{a}_j$ 分别是时间戳 t 下节点 i 和节点 j 的属性向量，$\cos(\boldsymbol{a}_i, \boldsymbol{a}_j)$ 是 $\boldsymbol{a}_i$ 和 $\boldsymbol{a}_j$ 之间的余弦相似度。根据上述定义，本章为每个快照设计了权重矩阵如下式：

$$W_t = \sum_{\theta=1}^{t} \gamma^{t-\theta} \left(\sum_{\kappa=1}^{k} \boldsymbol{B}_{\theta}^{k} + \boldsymbol{C}_{\theta} \right), \qquad 0 < \gamma < 1, \qquad 1 \leqslant t \leqslant T \qquad (4\text{-}8)$$

其中，γ 表示衰减系数。一个合适的值可以很好地描述网络的演化。对于时序上更不稳定的网络而言，该值越小，其效率越高。$\boldsymbol{B}_{\theta}^{k}$ 表示时间戳 θ 中节点之间的 k 跳关系。本章定义 ω_{ij}^{t} 来表示 W_t 中的元素，其中 i 表示行，j 表示列，ω_{ij}^{t} 表示时间戳 t 中节点 i 与节点 j 之间连接的强度。通过这种方式，W_t 保留了之前的快照到一个加权图中，该快照是从 1 阶到 k 阶权重及节点属性相似度的快照，这样的操作可以在加权图上整合属性和拓扑特征。

特征提取：转移概率 s_{ij} 被定义为节点 i 走向节点 j 的概率。

$$s_{ij}^{t} = \frac{\omega_{ij}^{t}}{\sum_{v_k \in N(v_i)} (\omega_{ik}^{t})} \qquad (4\text{-}9)$$

本章采用 ω_{ij}^{t} 来表示权重矩阵 W_t 中的 (i, j) 处的元素，$N(v_i)$ 表示 v_i 的邻居集。表 4-2 显示了该算法的详细描述。

表 4-2 列出了算法 2，其中有两个参数：R 表示随机游走的次数。L 表示源节点 v 的游走长度。$Z[i]$ 表示时间戳 i 中节点的采样拓扑特征，z_i^v 表示时间戳 i 中节点 v 的采样拓扑特征。$N(v)$ 表示 v 的邻居集。第一个循环需要完成从时序属性网络 $G_t(V, E_t, \boldsymbol{A}_t)$ 在时间 i 遍历每个快照的任务。第二个循环完成遍历每个快照中的每个节点 $v \in V$ 的任务。根据矩阵 $\boldsymbol{S}^i$，本章在第二和第三个循环中为每个节点 $v \in V$ 采样拓扑特征。

表 4-2	算　法　2

算法 2：SWAD

输入：$\{G_1, G_2, \cdots, G_t\}$：一个时序属性网络的快照序列；

　　　R：采样路径数量；

　　　L：采样路径长度；

输出：$Z[i]$，$i \in \{1, 2, \cdots, T\}$，其中每个 $Z[i]$ 表示网络中每个节点 v 的采样拓扑特征；

1 for $i \in \{1, 2, \cdots, T\}$ do

2　　基于式(2-9)计算转移概率矩阵 $\boldsymbol{S}^i$；

3　　选择一个快照序列 $G_i(V, E_i, \boldsymbol{A}_i)$；

4　　for $v \in V$ do

续表

算法 2：SWAD
5　　for $p \in \{1, 2, \cdots, R\}$ do
6　　　$v_{1, p} = v$;
7　　　for $q \in \{1, 2, \cdots, L\}$ do
8　　　　基于 $\boldsymbol{S}^i$ 选择一个 $N(v_{q, p})$ 中的节点 $v_{q+1, p}$;
9　　　　向 z_i^v 中添加节点 $v_{q+1, p}$;
10　　　end
11　　end
12　　$\boldsymbol{Z}[i]$. add(z_i^v) ;
13　end
14 end

时间复杂性分析：在算法中，T 表示快照的数量，k 表示邻接矩阵 $\boldsymbol{B}$ 的阶数，n 表示节点的数量，采样路径的长度由 L 表示，采样路径的数量由 R 表示。SWAD 算法的时间复杂度是 $O(T \cdot R \cdot L \cdot n)$，该算法将用于为每个节点 v 生成拓扑特征 $\boldsymbol{Z}[i]$（$i \in \{1, 2, \cdots, T\}$）。式(4-8)基于稀疏矩阵乘法构建了权重矩阵 $\boldsymbol{W}$，其复杂度接近 $O(n^k)$。第二行需要 $O(T \cdot R \cdot L \cdot n)$ 的时间复杂度来计算矩阵 $\boldsymbol{S}_{ij}^t$。考虑到 R、T、L 和 n 可以被视为常数，算法 SWAD 的时间复杂度是 $O(n^k)$。

4.3.2　节点嵌入

本章提出的模型参考了 TemporalGAT 框架，该框架利用 GATs 网络和 TCNs 网络学习时序网络的表示。已经验证的是，它对于建模时序依赖性稳定且强大。然而，它也忽略了拓扑结构自注意层中的属性信息，因此，它在显示网络的拓扑关系方面能力不足。为了解决上述问题，本章采用一个拓扑结构自注意层而不是 TemporalGAT 的结构自注意层来进行时序属性网络嵌入。将节点属性和网络拓扑结合起来，用以学习节点 u 对节点 v 的重要性系数，这样可以有效地显示网络的拓扑关系。接下来，本章利用二进制交叉熵损失函数，使用学到的节点表示来嵌入节点。

$$L = \sum_{t=1}^{T} \sum_{v \in V} \left(\sum_{u \in N_v} - \log(\sigma(\boldsymbol{y}_v^t \cdot \boldsymbol{y}_u^t)) - \boldsymbol{W}_{\text{neg}} \cdot \sum_{g \in \sim N_v} \log(1 - \sigma(\boldsymbol{y}_v^t \cdot \boldsymbol{y}_g^t)) \right) \quad (4\text{-}10)$$

其中，N_v 表示在快照 t 时刻的节点集合，该节点集合中的节点与节点 v 之间的边权重大于 0，σ 是 sigmoid 函数，$\sim N_v$ 表示负采样分布，$\boldsymbol{W}_{\text{neg}}$ 表示负采样参数，而"·"表示内积。

4.4　实　　验

本节将介绍实验数据集和对比模型，并展示了在静态属性网络和时序属性网络上的实验结果，以验证 SWAS-SAN 和 SWAD-TSAN 模型的性能。

4.4.1　实验设置

本章使用两个引用属性网络 Cora 和 Citeseer，以及两个社交属性网络 BlogCatalog 和 Flickr，来验证 SWAS-SAN 和 SWAD-TSAN 模型的有效性。所有网络的统计信息在表 4-3 中展示。

Cora、Citeseer：这两个网络都是引用网络数据集，节点表示发表的论文，两个节点之间的边表示左边的论文引用了右边的论文，标签表示论文的类别，每个节点的属性表示该论文对应的出版物。

Flickr：Flickr 是一个社交关系数据集，节点描述用户，边描述友谊关系，标签描述用户的兴趣组。

BlogCatalog：BlogCatalog 也是一个社交关系数据集，节点表示用户，边表示用户互动，节点的属性表示博客的描述，标签表示主题类别。

表 4-3　　　　　　　　　　　**4 个属性网络数据集的统计数据**

数据集	节点数量	边数量	属性数量	标签数量	快照数量
Cora	2708	5429	1433	7	—
Citeseer	3312	3312	3703	6	—
BlogCatalog	5196	5196	8189	6	10
Flickr	7575	7575	12 047	9	10

以上 4 个数据集都是静态属性网络数据集。对于 BlogCatalog 和 Flickr 数据集，本章按照 Meng 等（2020）的设置，将它们重构成两个合成的时序属性网络，以评估本章的时序属性模型。

对比模型：本章选择两类模型：静态属性网络嵌入方法和时序属性网络嵌入方法，与本章提出的模型进行比较。本章首先介绍 4 个静态属性网络嵌入的对比模型。

AANE：AANE 是一种静态属性网络嵌入方法，其采用矩阵分解技术来嵌入拓扑结构和属性。

ANRL：该模型采用深度自编码器架构来学习拓扑结构和属性中的节点嵌入。本章利用其变体使用加权平均邻居过程来构建目标邻居结构，简称为属性网络表示学习–加权平均邻居（attribute network representation learning-weighted average neighbor，ANRL-WAN）。

GAT：它利用自注意机制为静态属性网络中的不同节点分配不同的重要性。

CSAN：CSAN 是一种静态属性网络方法，用于学习节点和属性的表示。

本章采用以下 5 种模型作为时序属性网络嵌入的对比模型：

MixHop：它提出了一种高阶图卷积架构，用于学习节点嵌入的邻域混合关系。这是一个静态模型，本章使用其表示向量来训练 GRU 模型进行链路预测。

DynamicTriad：它采用三元闭包过程机制来保留给定网络的拓扑信息和演化模式。这个模型用于普通时序网络，但本章仍将其作为对比模型，因为它有效地捕获了时序网络的拓扑信息和演化行为。

CDAN：CDAN 是一种时序属性网络嵌入方法，可以动态跟踪时序属性网络中属性和节点的表示。

DANE：DANE 是一种时序属性网络嵌入模型，利用矩阵扰动理论来学习节点嵌入。

TemporalGAT：它利用 GATs 和 TCNs 网络来学习时序网络的表示。

参数设置：本章提出的框架可以将网络嵌入低维向量，并且将所有数据集设置输出维度为 64。考虑到时间复杂度，本章将 k 设置为 2。其他设置包括：SWAS 和 SWAD 算法中采样路径长度 L 设置为 40；R 在 SWAS 和 SWAD 算法中设置为 6；衰减系数 γ 设置为 0.8；模型的学习率设置为 0.0001；本章独立执行了 10 次，并展示了平均性能。

4.4.2 实验结果

实验报告综合评估了本章模型在 4 个静态属性数据集上的节点分类性能，与 4 个静态网络嵌入模型对比；同时，也在 2 个时序属性数据集上测试了其链路预测性能，并与 4 个时序网络嵌入模型进行了比较。

1. 节点分类评估

本章首先采用节点分类来评估学习到的节点嵌入向量的质量，并采用 Micro-F1 和 Macro-F1 作为度量标准来评估节点分类性能。本章随机选择 80% 的节点表示向量来训练支持向量机(support vector machine, SVM)分类器, 其余的用于测试。表 4-4 比较了 4 个数据集的 Micro-F1 和 Macro-F1 值。在表 4-4 中, 本章提出的 SWAS-SAN 模型在 Cora 和 BlogCatalog 数据集上的节点分类任务中展现出了最佳表现。在 Citeseer 数据集中, ANRL-WAN 模型的 Macro-F1 值略高于本章的模型, 但本章模型的 Micro-F1 值高于 ANRL-WAN 模型。因此, 本章的模型在属性网络的节点分类任务中也具有竞争优势。本质上, AANE 使用矩阵分解技术学习节点表示, 在提取非线性特征方面能力有限。ANRL 和 CSAN 利用自编码器架构学习节点嵌入, 而 GAT 利用自注意机制学习节点嵌入。然而, 上述方法都没有考虑将属性特征融入拓扑特征中以提取特征, 因此特征表示能力不足。特别地, 本章采用了 SWAS 算法来采样特征, 它根据更高阶的权重和节点属性相似性来采样节点的特征。因此, 它可以充分学习拓扑结构, 然后将属性特征融入拓扑特征中, 以增强特征表示能力。本章的模型还利用 SAN 学习节点的拓扑和属性特征, 这样可以充分获得非线性属性。实验结果显示, 本章提出的框架可以有效地学习静态属性网络的节点向量表示。

表 4-4　　　　　　　　　　　预测结果(**Micro-F1** 和 **Macro-F1** 的值)

模型	Cora		Citeseer		BlogCatalog		Flickr	
	Ma-F1	Mi-F1	Ma-F1	Mi-F1	Ma-F1	Mi-F1	Ma-F1	Mi-F1
AANE	0.715	0.720	0.617	0.671	0.597	0.617	0.596	0.615
AW	0.745	0.768	0.673	0.725	0.656	0.679	0.673	0.697
GAT	0.816	0.832	0.624	0.710	0.619	0.695	0.652	0.665
CSAN	0.822	0.838	0.642	0.720	0.646	0.653	0.692	0.701
SS	**0.845**	**0.861**	**0.651**	**0.743**	**0.663**	**0.723**	**0.703**	**0.709**

注: AANE: 加速属性网络嵌入; AW: 属性网络表示学习加权平均邻居过程, ANRL-WAN; CSAN: 静态属性网络的共嵌入模型; GAT: 图注意网络; SS: 静态自注意力网络, SWAS-SAN。Ma-F1 表示 Macro-F1; Mi-F1 表示 Micro-F1。

2. 链路预测评估

接下来, 本章采用链路预测来评估学习到的节点嵌入向量的质量。为了衡量节点链路预测, 本章采用曲线下面积(area under the curve, AUC)和平均精确度(average precision, AP)得分作为指标。本章随机选择 80% 的节点表示向量来训练 SVM 分类器,其余的用于测试。这两个数据集在此任务上的 AUC 和 AP 值显示见表4-5。

表 4-5 　　　　　　　　　　　　　　预测结果（AUC 和 AP 的值）

模型	Flickr		BlogCatalog	
	AUC	AP	AUC	AP
DynamicTriad	0. 73	0. 73	0. 68	0. 67
DANE	0. 77	0. 77	0. 70	0. 71
TemporalGAT	0. 88	0. 84	0. 85	0. 82
CDAN	0. 88	0. 89	0. 83	0. 83
MixHop	0. 85	0. 82	0. 80	0. 78
SWAD-TSAN	**0. 90**	**0. 91**	**0. 88**	**0. 87**

注：AUC：曲线下面积；动态属性网络的共嵌入模型 CDAN，动态环境下的分布式网络嵌入；GAT：图注意网络；SWAD-TSAN：时序自注意网络。

在表 4-5 中，可以看到本章的 SWAD-TSAN 模型在链路预测任务中表现优于所有其他对比模型。本质上，DANE 利用矩阵扰动理论来学习节点嵌入，而 DynamicTriad 采用三元闭包过程机制来学习节点嵌入；然而，这两种方法都是浅层模型，在捕获高维非线性特征的能力有限。CDAN 利用自编码器架构学习节点嵌入，而 TemporalGAT 利用 GATs 和 TCNs 网络学习时序网络的表示；尽管如此，这两种方法都没有考虑节点之间的高阶信息，因此特征表示能力不足。尽管 Mixhop 考虑了节点之间的高阶信息，但它是一个静态模型，捕获网络时序演化信息的能力有限。特别地，本章使用 SWAD 算法为每个快照中的每个节点 v 采样拓扑特征，它根据更高阶的权重和节点属性相似性来采样节点的特征，它学习时序属性网络的演化权重，能更有效地捕获网络结构。本章提出的模型巧妙地融合了 TSAN 深度嵌入技术，不仅深入挖掘了属性特征与节点拓扑的信息，还创新性地结合了属性信息，设计了拓扑结构自注意力层。这一设计使得模型能够稳健且高效地捕捉并建模时序依赖性，展现出强大的性能。链路预测的结果表明，本章提出的 SWAD-TSAN 模型可以学习时序嵌入，捕捉观察到的链路的演变以预测未观察到的链路的演变。

4. 4. 3　消融研究

为了验证 SWAD 算法的有效性，本章使用 SWAD-TSAN 的变体进行实验。具体来说，本章用随机游走采样策略（记为 SWAD-TSAN_1）替换了 SWAD 算法，以验证 SWAD-TSAN 模型的性能。本章选择 Flickr 和 BlogCatalog 数据集来验证链路预测的性能，并独立进行了 10 次实验，展示了 AUC 的均值和 AP 性能。图 4-4 中的实验结果显示，SWAD-TSAN 在 Flickr 数据集上的平均 AP 值比 SWAD-TSAN_1 高 6%，在 BlogCatalog 数据集上比 SWAD-TSAN_1 高 4%，AUC 的均值在 Flickr 数据集上比 SWAD-TSAN_1 高 2%，在 BlogCatalog 数据集上比 SWAD-TSAN_1 高 3%。可能的原因在于，当前的随机游走采样策略在选取邻居节点时，未能充分考虑高阶权重以及节点属性的影响。因此，该随机游走采样策略在展现网络拓扑结构方面存在不足。相比之下，本章所提出的算法则在这一方面表现出色，成功击败了该策略，展现了更优越的性能。

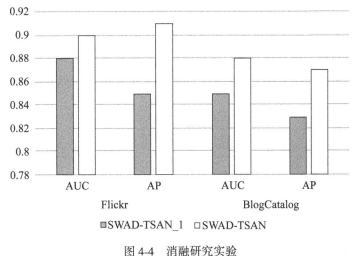

图 4-4　消融研究实验

4.4.4　参数敏感性分析

在本节中，评估参数 R 和 L 如何影响节点分类结果，以及衰减系数 γ 如何影响链路预测结果。

采样路径长度 L：本章将 L 和 R 放在一起分析，因为 L 和 R 共同决定了一个节点的采样大小。在分析 L 时，本章将 R 设置为 6。在图 4-5 中，可以看到随着 L 从 20 增加到 40，性能持续提升，最佳结果在 $L = 40$ 时获得，然后随着 L 继续增加，性能保持不变或略有下降。

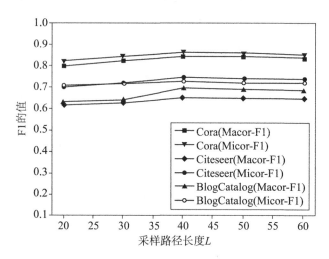

图 4-5 参数敏感性实验(随着 L 的不断增加，SWAS-SAN 在三个数据集上的性能)

采样路径数量 R：在分析 R 时，本章将 L 设置为 40。在图 4-6 中，可以看到随着 R 从 3 增加到 6，性能持续提升，最佳结果在 $R=6$ 时获得，然后随着 R 继续增加，性能略有下降。

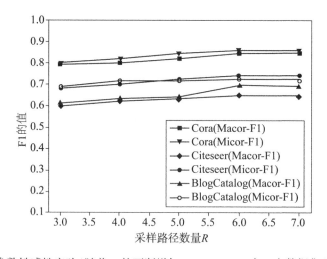

图 4-6 参数敏感性实验(随着 R 的不断增加，SWAS-SAN 在三个数据集上的性能)

衰减系数 γ：根据经验，本章将 γ 的范围设置为 0.5 到 0.9，每次增加 0.1 来验证这个参数。最佳结果在 0.8 时获得。在图 4-7 中，可以看到随着 γ 从 0.5 增加到 0.8，性能持续提升，然后随着 γ 继续增加，性能下降。

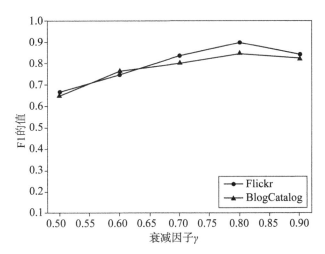

图 4-7　参数敏感性实验(当 γ 不断增加时, SWAD-TSAN 在两个数
　　　　据集上的性能)

☑ 本章小结

　　本章提出了 2 种有效的框架, 用于静态属性网络和时序属性网络嵌入学习。两者结合了网络拓扑结构和节点属性, 共同学习 SAN 的结构自注意层中节点对之间的重要性系数。它可以有效地揭示网络的拓扑关系并增强表示能力。本质上, 本章提出了SWAS 和 SWAD 算法来提取拓扑特征以显示网络结构。对于静态属性网络, SWAS 将 1阶到 k 阶权重和网络节点属性相似性融入一个加权图中。对于时序属性网络, SWAD将 1 阶到 k 阶权重网络先前快照和节点属性相似性融入加权图中, 并利用衰减系数确保更近的快照分配更大的权重。因此, 它可以捕获正在变化中的权重, 然后将属性特征融入拓扑特征以增强特征表示能力。在静态和时序属性网络数据集上的实验结果表明, 本章的模型与各种对比模型相比具有优势。真实网络通常包含多种类型的节点和边。因此, 本章未来的工作将专注于异构网络表示学习。

第5章 基于深度自编码器架构的时序表示学习方法

近年来，网络嵌入技术吸引了越来越多的研究者的关注。这种网络嵌入技术已被证实在群落检测、节点分类方面非常有效。然而，在现实世界中，许多网络具有丰富的属性和时间信息，称之为时序属性网络。例如，具有社交属性的网络，其中的用户可能包含兴趣、性别和年龄属性，这些属性可能会随着时间的推移而演变。由于在普通时序网络中成功嵌入网络，并用于链路预测、节点分类任务等，一些研究人员将类似的想法用于时序属性网络。尽管如此，时序属性网络的节点嵌入仍存在两个关键挑战：

（1）如何有效地将时序属性网络中的属性信息整合到结构信息中，以解决特征预处理中结构特征的高度稀疏问题？

（2）在噪声环境下，如何处理时序属性网络中的离群节点并学习鲁棒性更好的嵌入？

在现实生活中，网络中的节点往往未能完全连接，即存在连接缺失的情况。而且，当我们用邻接矩阵来表示网络时，矩阵的每一行仅能反映出那些实际观察到的链路，而无法体现那些可能存在的、但尚未被观察到的连接。以往的许多网络嵌入方法分别考虑结构信息和属性信息，而没有考虑如何将属性信息合并到结构信息中来解决第一个问题。社交科学理论表明，属性信息可以作为补充内容整合到结构信息中，以增强许多下游应用的性能。特别是在稀疏网络中，属性信息可以成为非常有用的补充内容，以学习更好的网络表示。因此，将属性信息整合到结构信息中，以获得对网络复杂行为的洞察和理解是至关重要的。

在时序属性网络中，许多现有的网络嵌入方法都假设网络节点在各自的群落中连接良好，属性与拓扑结构一致，从而忽略了第二个问题。然而，在现实生活的网络中，节点结构或其属性可能会偏离它们所属的群落的属性。网络中的一个节点具有与不同群落的其他节点连接的边，或者它的属性与不同群落的节点属性更相似。本章将这种节点称为离群节点。最近，一些研究人员从不同的角度定义了离群节点。例如，Ji 等

(2019)从多个角度中定义 3 种类型的离群节点，即属性离群节点、类离群节点和类-属性离群节点。Huang 等(2021)从节点的结构和属性中定义异常节点和子图，以进行异常检测。Du 等(2022)在针对离群节点检测的研究中考虑了那些混杂在正常对象区域中或围绕密集簇周围的离群节点。在现实生活中，网络通常可以被划分为不同的群落。但是，上述方法并没有考虑到网络群落的结构，即根据节点的结构和属性与群落的关系来定义离群节点。此外，这些方法主要用于离群检测或异常检测，但很少用于时序属性网络嵌入。图 5-1 展示了本章在时序属性网络中涉及的 3 种类型的离群节点。本章假设图 5-1 中的每个子图是时序属性网络的一个快照，其中圆形表示节点，而矩形表示这些节点的属性，节点之间的线条表示网络的边，而两个属性之间的线条表示两个属性相似。本章采用不同的颜色表示不同的群落，使用较大的黑色圆圈和黑色矩形分别强调离群节点及其相关的属性。在图 5-1(a)中，较大的黑色节点与不同群落的其他节点相连，即其结构邻域不一致，因此，较大的黑色节点被视为结构离群节点。在图 5-1(b)中，较大的黑色节点的属性与不同群落的节点属性相似，即其属性邻域不一致，因此，较大的黑色节点被视为属性离群节点。在图 5-1(c)中，较大的黑色节点在结构上属于一个群落，但在属性相似性方面属于另一个群落。因此，较大的黑色节点被视为组合离群节点。

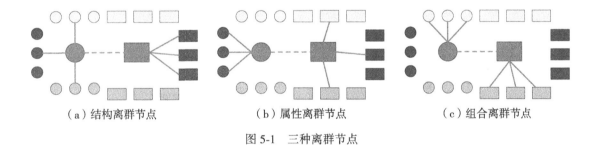

（a）结构离群节点　　　　（b）属性离群节点　　　　（c）组合离群节点

图 5-1　三种离群节点

　　一项实证分析表明，在使用经典嵌入算法 Node2Vec 对合成静态网络进行处理时，少数手动标记的离群节点会对常规节点的嵌入产生较大影响。实验使用了一个包含 3 个群落共 60 个节点的合成网络，并在该合成网络上使用 Node2Vec 进行处理，嵌入维数设置为 2。通过学习节点表示，成功地将各个群落有效分离。接下来，实验在网络中只添加了 6 个离群节点(这些节点随机与 3 个群落中的所有节点建立边)，这导致离群节点的存在会将来自不同群落的嵌入向量拉近，使群落无法分离，并且极大地影响了群落中常规节点的嵌入。Ding 等(2019)指出，在真实的网络中总是存在离群节点，这揭示了在学习节点嵌入时关注离群节点的重要性，因为它们可能严重影响常规节点的嵌入性能。然而，之前的研究并没有明确考虑时序属性网络嵌入中离群节点的影响。因此，考虑离群节点来理解时序属性网络的复杂行为是必要的。

为了应对所确认的两个挑战，本章提出了一个基于自编码器的包含离群节点的时序属性网络嵌入框架（temporal attributed network embedding framework with outliers based on autoencoder, TAOA），用于以非监督方式进行时序属性网络嵌入。

本章提出了一个新模型 TAOA，用于学习时序属性网络中的节点嵌入。特别是，该模型利用一个离群感知的自编码器来建模节点信息，该编码器结合了当前网络快照和以前的快照，以共同学习网络中节点的嵌入向量。本章还提出了一个简化的高阶图卷积机制（simplified higher graph convolutional mechanism, SHGC），用于预处理时序属性网络每个快照中每个节点的属性特征。SHGC 将属性信息融入链路结构信息中，这可以利用属性信息加强链路结构特征。在节点分类和链路预测的实验结果显示，本章的模型与各种对比模型具有竞争力。

5.1 问 题 定 义

本章中使用的主要符号在表 5-1 中总结。接下来将介绍一些定义并正式定义研究问题。

表 5-1 本章使用的符号

符 号	含 义
$G(V, E, \boldsymbol{H})$	属性网络
$V = \{v_1, v_2, \cdots, v_n\}$	节点 n 组成的节点集合
e_{ij}	节点 v_i 和节点 v_j 之间存在一条边
$\boldsymbol{H} \in \mathbf{R}^{n \times c}$	节点的属性矩阵
c	属性维度
E_t	时间戳 t 时节点间的边集
$\boldsymbol{H}_t$	时间戳 t 时节点的属性矩阵
$\{G_1, \cdots, G_t, \cdots, G_T\}$	一个网络快照序列
$t \in \{1, 2, \cdots, T\}$	网络快照的时间戳
$C = \{C_1, C_2, \cdots, C_K\}$	K 个群落

符　号	含　义
$f^t: v_i \rightarrow \mathbf{R}^k$	一个映射函数
k	节点 v_i 的嵌入维度
L_t	对称归一化的拉普拉斯矩阵
A_t	邻接矩阵
D_t	对角度矩阵
P	L_t 的次幂数
γ	衰减系数
$C_t = \{C_1, \cdots, C_k\}$	SHGC 的 n 个节点的输出
$z_i^t(z_i^t \in \mathbf{R}^k)$	节点 i 的嵌入向量
$\hat{o}_i^t$	节点 i 的离群节点分数

定义 5.1(属性网络)：属性网络被定义为：$G(V, E, \mathbf{H})$，其中 $V = \{v_1, v_2, \cdots, v_n\}$ 表示一组节点，n 是节点的数量，$E \subseteq V \times V$ 表示节点之间一组链路(边)，e_{ij} 表示节点 v_i 和 v_j 之间存在边，$\mathbf{H} \in \mathbf{R}^{n \times c}$ 是所有节点的属性矩阵，且 c 是属性维度。

定义 5.2(时序属性网络)：本章研究的网络假设节点集固定，节点间的边随时间演化。因此，一个时序属性网络可以图形化表示为：$G_t = (V, E_t, \mathbf{H}_t)$，其中 V 表示一组节点，E_t 表示在时间戳 t 时节点之间的一组链路(边)，$\mathbf{H}_t$ 表示在时间戳 t 的节点属性矩阵。此外，一个时序属性网络可以生成一个网络快照序列 $\{G_1, \cdots, G_t, \cdots, G_T\}$，其中 $t \in \{1, 2, \cdots, T\}$ 表示时间戳。

定义 5.3(群落)：属性网络 $G = (V, E, \mathbf{H})$ 可以被划分为 K 个群落，即 $C = \{C_1, C_2, \cdots, C_K\}$ 使得 $K \ll n$（n 是节点的数量）并且 $\bigcup_{k=1}^{K} C_k = V$，并且所有群落 $C_k(1 \leqslant k \leqslant K)$ 是 V 的非空、互斥子集。每个群落 C_k 都是具有网络共性的节点的集合，是网络的子图。

定义 5.4(离群节点)：对于时序属性网络的每个快照 G_t，将其划分为 K 个群落，即 $C = \{C_1, \cdots, C_k, \cdots, C_K\}$。本章假设 v_i 是群落 C_k 中的一个节点。如果 v_i 与来自不同群落的节点具有随机边，或者 v_i 的属性与来自不同群落的节点的属性相似，或者 v_i 在结构上属于一个群落但在属性相似度上属于另一个群落，对于所有这些情况本章将 v_i 定义为一个离群节点。

定义 5.5(时序属性网络嵌入)：本章通过时间戳 t 将时序属性网络拆分为一系列快照 $\{G_1, G_2, \cdots, G_T\}$。对于每个快照，本章旨在学习一个映射函数 $f^t: v_i \rightarrow \mathbf{R}^k$，其中 $v_i \in V$ 且 k 表示维度并且 $k \ll |V|$。该函数 f^t 保留了从时间戳 1 到 t 在给定时序网络中的节点 v_i 与 v_j 之间的拓扑结构、节点属性和演化模式的相似性。此外，它还需要减少离群节点的影响。

5.2　模　　型

在本节中，将重点介绍新模型，一个基于深度自编码器(temporal attributed network embedding framework with outliers based on autoencoder，TAOA)的具有离群节点的时序属性网络嵌入框架，用于时序属性网络嵌入。在本章的模型中，首先引入一个简化的高阶图卷积机制(simplified higher-order graph convolution mechanism，SHGC)，用于预处理时序属性网络中每个快照中的每个节点的属性特征。然后，本章引入一个基于深度自编码器的属性网络嵌入框架，以解决时序属性网络嵌入中的离群问题。

5.2.1　特征处理

对于一个时序属性网络 $G_t = (V, E_t, \boldsymbol{H}_t)$，其结构特性是高度稀疏的，并且不包含属性信息。受到社交科学理论的启发，属性信息可以作为补充内容合并到链路结构中，以增强许多下游应用程序的性能。此外，由于受到简单图卷积(simple graph convolution，SGC)的激励，本章提出了一种简化的高阶的图卷积机制 SHGC，将属性特征合并到每个快照的每个节点 v 的链路结构中。与 GCN 相比，SGC 移除了非线性变换、折叠权重矩阵来制造一个线性转换。在许多下游应用中的实验结果表明，这些简化不会对精度产生负面影响。在 SGC 的每一层中，隐藏表示在一跳的邻居之间是平均的。节点通过 k 层后，一个节点从图中的 k 跳节点开始获得节点特征信息。该机制并不单独保存每一层的特征信息，这可能会遗漏一些有价值的信息。受 SGC 的启发，本章提出 SHGC 以一种简单的方式为时序属性网络的每个快照保存每一层有价值的信息，以处理这个问题。SHGC 可以混合不同距离的邻居特征的表示来学习邻域混合关系。特别地，它在不同的特征空间中结合了从 1 跳到 k 跳的邻居，有效地聚合了网络中不同跳的特征，即：

$$\boldsymbol{C}_t = \frac{1}{P+1} \sum_{i=0}^{P} \gamma^{P-i} \boldsymbol{L}_t^{P-i} \boldsymbol{H}_t, \quad 0 < \gamma < 1 \tag{5-1}$$

其中，$H_t \in \mathbf{R}^{n \times c}$ 是时间戳 t 时节点的属性矩阵，c 为属性维度，n 为网络中节点的数量。L_t 是一个对称归一化的拉普拉斯矩阵，它揭示了时间戳 t 时网络的链路结构。它可以用下面的公式来构造：

$$L_t = D_t^{-\frac{1}{2}} A_t D_t^{\frac{1}{2}} \tag{5-2}$$

其中，A_t 是时间戳 t 处的一个邻接矩阵。D_t 是对角线度矩阵且 $D_t^{mm} = \sum_n A_t^{mn}$，其中 m 表示一行，n 表示一个列，D_t^{mm} 表示 D_t 的第 m 行和第 m 列的元素，而 A_t^{mn} 表示 A_t 的第 m 行和第 n 列的元素。L_t^{P-i} 表示矩阵 L_t 乘以自身 $P-i$ 次，$P-i$ 是 L_t 的幂次，取值范围从 0 到 P。例如，L_t^3 表示时间戳 t 的特征空间中的 3 跳邻居。γ 是衰减系数，它为较少的跳数保留更多的信息。这种方式混合了不同距离邻居的特征表示。C_t 是最终节点信息的输出内容，它将属性特征信息从即当前更远的特征空间整合到链路结构中，并揭示了网络的属性特征。

时间复杂度分析：$L_t^{P-i}H$ 可以通过从右到左的乘法计算。更精确地说，例如，如果本章设置 $P=3$ 并且 $i=0$，$L_t^3 H$ 可以通过 $L_t(L_t(L_t H))$ 计算。本章采用具有 m 个非零元素的稀疏矩阵来存储 L_t，因此，对于每个时间戳 t 来说，$L_t^{P-i}H$ 的计算时间复杂度为 $O(P \times m \times c)$，其中 c 表示属性矩阵 H_t 的属性维度。γ 可以当作常数处理，因此 SHGC 的时间复杂度为 $O(P \times m \times c)$。

5.2.2 节点嵌入

为了对节点信息进行编码，本章设计了 TAOA 架构（见图 5-2）用于时序属性网络的嵌入。本章采用两个并行的自编码器来编码和解码时序属性网络嵌入中节点信息的当前快照和前一个快照。当前快照和前一个快照中的每个节点的信息通过 SHGC 算法将属性特征信息整合到链路结构中。为了可解释性和易于计算，本章的模型只考虑两个相邻的快照，本章将在未来的工作中考虑更多的快照。本章的模型由一个编码器和一个解码器组成，在重建过程中考虑了离群节点。任何节点 i 的嵌入向量 $z_i(z_i \in \mathbf{R}^k)$ 都是从模型的隐藏层获得的。

首先，本章为每个快照中的每个节点 i 引入离群节点分数。本章将 $\dot{o}_i^t$ 表示为时间戳 t 时的节点 i 离群节点分数，其中 $i(i \in 1, 2, \cdots, N)$。为了更好地理解离群节点分数，本章假设：

$$\sum_{i=1}^{N} \dot{o}_i^t = 1, \quad \dot{o}_i^t > 0 \tag{5-3}$$

对于一个完美的网络（例如，网络中没有群落间的边，其中属性与链路结构完全

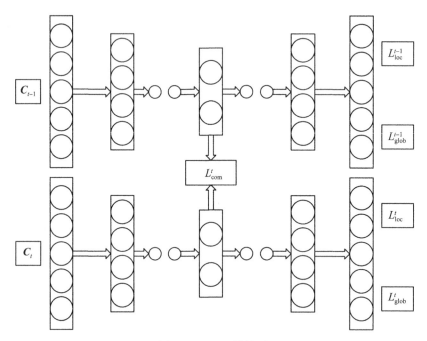

图 5-2　TAOA 结构图

一致），即没有离群节点。因此，本章初始化每个节点 i 的离群节点分数 $\dot{o}_i^t$，使其为常

数并等于 $\frac{1}{N}$，这是一个离散概率分布，表示节点 i 成为离群节点的概率。本章通过公

式 $o_i^t = \log \frac{1}{\dot{o}_i^t}$ 对离群节点分数进行预处理。因此，当离群节点分数 $\dot{o}_i^t$ 越大时，相对于其

他节点，其离群节点分数 o_i^t 反而会显得比较小，从而这个节点对损失函数（式(5-4) ~
式(5-7)）的贡献也会减少。通过这种方式，可以减少离群节点对常规节点嵌入的影
响。

　　基于离群节点分数，本章为模型制定了损失函数。首先通过最小化当前每一个快
照的时间戳 t 和前一个时间戳 $t - 1$ 的重构损失，以保持全局结构的近似性。

$$L_{\text{glob}}^t = \frac{1}{N} \sum_{i=1}^{N} o_i^t \parallel \boldsymbol{c}_i^t - \hat{\boldsymbol{c}}_i^t \parallel^2 \tag{5-4}$$

$$L_{\text{glob}}^{t-1} = \frac{1}{N} \sum_{i=1}^{N} o_i^{t-1} \parallel \boldsymbol{c}_i^{t-1} - \hat{\boldsymbol{c}}_i^{t-1} \parallel^2 \tag{5-5}$$

其中，$\boldsymbol{c}_i^t$ 和 $\boldsymbol{c}_i^{t-1}$ 分别是当前时间戳 t 和前一个时间戳 $t - 1$ 中矩阵 $\boldsymbol{c}_i^t$ 和 $\boldsymbol{c}_i^{t-1}$ 的第 i 行（见
4.1 节）。$\hat{\boldsymbol{c}}_i^t$ 和 $\hat{\boldsymbol{c}}_i^{t-1}$ 是自编码器为当前时间戳 t 和前一个时间戳 $t - 1$ 的节点 i 重构的输

出。本章采用 LeakyReLU 非线性函数(负输入斜率为 0.2)用于 K 层编码器和解码器。c_i^t 和 $\hat{c}_i^{t-1}$ 是当前时间戳 t 和前一个时间戳 $t-1$ 中每个节点 i 的离群分数。在当前时间戳 t 的某些离群节点 i 的离群得分 o_i^t 较小，该节点对损失的贡献也会越少。

损失函数的下一个组成部分用于保持局部结构近似性，这表明连接边的节点在嵌入空间中应该相似。

$$L_{\mathrm{loc}}^t = \frac{1}{N}\sum_{i=1}^N o_i^t \frac{1}{|N(i)|}\sum_{j\in N(i)} \|z_i^t - z_j^t\|^2 \tag{5-6}$$

$$L_{\mathrm{loc}}^{t-1} = \frac{1}{N}\sum_{i=1}^N o_i^{t-1} \frac{1}{|N(i)|}\sum_{j\in N(i)} \|z_i^{t-1} - z_j^{t-1}\|^2 \tag{5-7}$$

其中，z_i^t 和 z_i^{t-1} 是节点 i 在当前时间戳 t 和前一个时间戳 $t-1$ 的嵌入，该嵌入可以从编码器的隐藏层获取。$N(i)$ 是网络中节点 i 的邻居。

当前快照的拓扑结构源自之前快照的拓扑结构，因此当前时间戳 t 和前一个时间戳 $t-1$ 的嵌入向量高度相关。本章定义损失函数的最后一个组成部分(结合当前时间戳 t 和前一个时间戳 $t-1$ 的嵌入向量)如下：

$$L_{\mathrm{com}}^t = \frac{1}{N}\sum_{i=1}^N \|z_i^t - z_i^{t-1}\|^2 \tag{5-8}$$

接下来，本章结合式(5-4)~式(5-8)，并使用随机梯度下降算法共同最小化以下目标函数，以获得当前时间戳 t 中每个节点 i 的嵌入 z_i^t：

$$\min L_{\mathrm{TAOA}}^t = a_1 L_{\mathrm{glob}}^t + a_2 L_{\mathrm{glob}}^{t-1} + a_3 L_{\mathrm{loc}}^t + a_4 L_{\mathrm{loc}}^{t-1} + a_5 L_{\mathrm{com}}^t \tag{5-9}$$

本章采用闭合形式更新规则，按照特定的方式进行更新 $\dot{o}_i^t$。同时，以类似的方式对其他的变量进行更新 $\dot{o}_i^{t-1}$。当其他变量固定时，损失 L_{TAOA}^t 是凸的，因此本章使用交替最小化技术来更新每个变量。式(5-9)关于约束式(5-3)的拉格朗日方程可以写成以下形式，并且本章忽略不包含 $\dot{o}_i^t$ 的项。

$$L = \lambda\left(\sum_{i=1}^N \dot{o}_i^t - 1\right) + a_1\left(\frac{1}{N}\sum_{i=1}^N o_i^t \|c_i^t - \hat{c}_i^t\|^2\right) + a_3\left(\frac{1}{N}\sum_{i=1}^N o_i^t \frac{1}{|N(i)|}\sum_{j\in N(i)} \|z_i^t - z_j^t\|^2\right) \tag{5-10}$$

λ 表示简化的拉格朗日常数。通过式(5-10)的偏导数，可以得到以下公式：

$$\dot{o}_i^t = \frac{a_1 \|c_i^t - \hat{c}_i^t\|^2 + a_3 \frac{1}{|N(i)|}\sum_{j\in N(i)} \|z_i^t - z_j^t\|^2}{N\lambda} \tag{5-11}$$

利用式(5-3)，可以得到：

$$\dot{o}_i^t = \frac{a_1 \parallel c_i^t - \hat{c}_i^t \parallel^2 + a_3 \dfrac{1}{\mid N(i) \mid} \sum_{j \in N(i)} \parallel z_i^t - z_j^t \parallel^2}{\sum_{i=1}^{N} (a_1 \parallel c_i^t - \hat{c}_i^t \parallel^2 + a_3 \dfrac{1}{\mid N(i) \mid} \sum_{j \in N(i)} \parallel z_i^t - z_j^t \parallel^2)} \qquad (5\text{-}12)$$

为了清晰起见，表 5-2 列出了算法 1，总结了所提出方法的主要步骤。

表 5-2 算 法 1

算法 1：本章的方法的程序

输入：$G_t(V, E_t, H_t)$：一个时序属性网络；

    T：时间戳的数量；

    γ：衰减系数；

    P：L_t 的次幂数；

输出：z_i^t：时间戳 t 时的每个节点 i 的嵌入向量；

1   从 $G_t(V, E_t, H_t)$ 生成一个快照序列 $\{G_1, \cdots, G_t, \cdots, G_T\}$；

2   for $t \in \{1, 2, \cdots, T\}$ do

3   基于式(5-1)计算 C_t；

4   end

5   基于式(5-3)定义离群节点分数 $\dot{o}_i^t$；

6   预处理离群节点分数：$\dot{o}_i^t = \log \dfrac{1}{\dot{o}_i^t}$；

7   建立全局结构近似损失函数：式(5-4)和式(5-5)；

8   建立局部结构近似损失函数：式(5-6)和式(5-7)；

9   建立时序近似损失函数：式(5-8)；

10   基于式(5-4)～式(5-8)建立目标函数 $\min L_{\text{TAOA}}^t$

11   通过式(5-12)更新 $\dot{o}_i^t$，并且使用随机梯度下降算法以获取时间戳 t 时的每个节点的嵌入向量 z_i^t；

5.3 实 验

本节将介绍选择的数据集和对比模型。本章报告了在时序属性网络上的实验结果，以展示本章的 TAOA 模型的性能。

5.3.1 数据集和对比模型

本章选取了来自不同领域的 3 个属性网络，用以展示 TAOA 模型的高效性能。

这 3 个网络分别是 Reddit 超链路网络(简称 RHNs),以及另外两个社交属性网络 BlogCatalog 和 Flickr。所有网络都具有不同的特征,其统计信息显示在表 5-3 中。

表 5-3　　　　　　　　　　　　　三个属性网络数据集的统计数据

数据集名称	节点数量	边数量	属性数量	标签数量	快照数量
RHNs	55 863	858 490	86	—	7
BlogCatalog	5 196	171 743	8 189	6	10
Flickr	7 575	239 738	12 047	9	10

RHNs:该数据集由 Reddit 上的超链路网络组成,其中节点表示子论坛(一个子论坛是一个群落),两个节点之间的边表示两个子论坛间的帖子,每个节点的属性代表了由某一子论坛指向另一子论坛的超链路中所包含帖子的特征或信息。网络数据从 2014 年 1 月收集到 2017 年 4 月。对于本章的实验,按每半年把它分成 7 个快照。

BlogCatalog:这是 BlogCatalog 网站的一个社交网络数据集,节点表示用户,边表示用户互动,节点属性表示博客作者的描述,并且标签表示主题类别。

Flickr:这也是一个社交网络数据集,节点表示用户,边表示用户之间的好友关系,标签表示兴趣组。

BlogCatalog 和 Flickr 是静态属性网络的数据集。对于 BlogCatalog 和 Flickr 数据集,本章将它们重构成两个综合的时序属性网络,用于评估时序属性模型。更精确地说,本章从原始网络生成了一个静态属性网络的快照序列 $\{G_1, G_2, \cdots, G_T\}$,其中 $G_t(t \in \{1, 2, \cdots, T\})$ 是从原始网络采样的固定尺寸边的子网络。本章的实验将其分为 10 个快照。

对比模型:本章选择以下 6 个嵌入对比模型的网络来与本章提出的模型进行比较。

(1) **AdONE**:AdONE 采用基于对抗性学习的深度无监督自编码器,以最小化静态属性网络嵌入中离群节点的影响。AdONE 并不是专门为时间归属网络而设计的。由于它在网络嵌入过程中考虑了离群节点,本章将其作为对比模型。针对本章的数据集,模型将每个网络快照嵌入一个低维向量。随后,利用门控循环单元(GRU)预测最后一个网络快照中的新链路。

(2) **NetWalk**:NetWalk 通过团嵌入将时序网络节点编码为向量。该方法主要用于异常检测，本章利用节点的表示向量来预测新的链路。

（3）T-GCN：T-GCN 结合了 GCN 以学习空间依赖性，还结合了 GRU 以学习时序网络嵌入的时序依赖性。

（4）TemporalGAT：它运用图注意力网络 GATs 和时序卷积网络 TCNs 来学习时序网络的表示。

（5）DyHNE：它通过提出的基于元路径的多阶关系捕获网络的语义和结构。

（6）CLDG：在无监督的场景中，它采用对比学习过程来学习时序图上的节点嵌入。

参数设置： 本章将实验中的所有数据集输出维度设置为 64，对比模型的参数得到了最优的调整。其他设置包括：模型的学习率设置为 0.0001，次幂 P 设置为 2，衰减系数设置为 0.8，TAOA 的层数设置为 5。对于每个数据集，本章报告了 5 个独立实验的平均性能。

5.3.2　实验结果

本章在这一部分报告了实验结果。本章报告了模型在三个时序属性数据集上应用五个时序网络嵌入对比模型进行链路预测的性能，以及在两个属性数据集上与两个属性网络嵌入对比模型进行节点分类的性能。

1. 链路预测

时序网络链路预测希望估计节点之间未来出现链路的概率，它根据之前的拓扑结构 $\{G_1, G_2, \cdots, G_T\}$ 预测时间戳 $T+1$ 时的拓扑结构 G_{T+1}。本章使用曲线下面积（area under curve，AUC）（Huang et al.，2005）来估计不同对比模型的性能。表 5-4 比较了链路预测任务上数据集的 AUC 值。

表 5-4　　　　　　　　　　　　　　**链路预测结果（AUC 值）**

模型	Flickr	BlogCatalog	RHNs
AdONE	0.87	0.82	0.88
NetWalk	0.73	0.80	0.78
T-GCN	0.80	0.65	0.76
TemporalGAT	0.88	0.84	0.86

续表

模型	Flickr	BlogCatalog	RHNs
CLDG	0.86	0.89	0.87
TAOA	**0.94**	**0.93**	**0.90**

从表 5-4 中，可以看到 TAOA 模型在三个时序属性网络中均优于其他对比模型。特别地，本章使用简化的高级图卷积机制 SHGC 来预处理时序属性网络中每个快照中的每个节点的属性特征。SHGC 将属性信息整合到链路结构信息中，这样可以在链路结构中显示出属性信息。此外，本章的模型使用了一个离群感知的自编码器来建模节点信息，它结合当前快照和之前的快照，共同学习当前快照的嵌入向量，并且能够稳定而有效地建模时序依赖性。实验结果还表明，静态属性网络模型 AdONE 优于时序属性网络模型 T-GCN 和 NetWalk，这表明在网络嵌入中考虑离群点是重要且必要的。链路预测的最终结果表明，本章的 TAOA 模型能够捕捉演化趋势以预测未来的链路。

2. 节点分类

节点分类是一个经典任务，用于评估学习到的嵌入向量的性能。本章使用 Micro-F1 和 Macro-F1 作为度量标准来衡量性能。由于 BlogCatalog 数据集和 Flickr 数据集包含标记数据，本章选择它们来验证模型。由于 DyHNE 是相对最新的节点嵌入模型，而 AdONE 在网络嵌入过程中考虑了离群节点，本章将两者作为节点分类任务的对比模型。在本章的实验中，采用了最后一次快照的嵌入向量进行节点分类任务。

表 5-5 比较了两个数据集上的 Micro-F1 和 Macro-F1 值。从表 5-5 中可以看出，本章提出的模型 TAOA 在 Flickr 和 BlogCatalog 目录数据集的节点分类任务上的性能最好。在 Flickr 数据集中，TAOA 的 Macro-F1 值等于 AdONE，但 TAOA 的 Micro-F1 值高于 AdONE。因此，本章的模型在 Flickr 数据集上的整体性能优于 AdONE。实验结果表明，本章提出的模型可以学习属性网络的有效节点表示。

表 5-5　　　　　　　　　　　　　　　节点分类结果

模型	BlogCatalog		Flickr	
	Micro-F1	Macro-F1	Micro-F1	Macro-F1
Adone	0.68	0.69	0.56	0.61

模型	BlogCatalog		Flickr	
	Micro-F1	Macro-F1	Micro-F1	Macro-F1
DyHNE	0.70	0.68	0.54	0.58
TAOA	**0.74**	**0.74**	**0.57**	**0.61**

5.3.3　消融研究

本节进行了消融研究。特别的是，本节分析了离群点和损失函数的每个组成部分是如何影响 TAOA 模型的性能的。

1. 离群节点的影响

本节分析了 RHNs 数据集和 BlogCatalog 数据集上的链路预测任务中的离群点。本章没有考虑离群节点来证明定义为 $\text{TAOA}_{\text{without}}$ 的 TAOA 模型的性能。具体来说，本章从 TAOA 损失函数中移除了每个快照 t 中的每个节点 i 的离群分数 o_i^t。如图 5-3 所示，实验结果显示，在 RHNs 数据集上，TAOA 的平均 AUC 值比 $\text{TAOA}_{\text{without}}$ 高 1%，并且在 BlogCatalog 数据集上，TAOA 的平均 AUC 值比 $\text{TAOA}_{\text{without}}$ 高 3%。

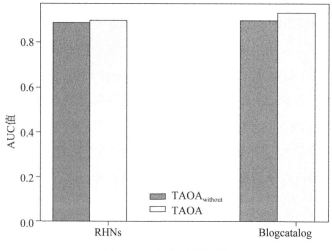

图 5-3　离群节点的效果

2. 损失函数的影响

本节分析了损失函数的每个组成部分对 TAOA 模型的性能的影响，选择 BlogCatalog 和 Flickr 数据集进行节点分类任务。当本章不考虑全局结构近似分量时，将 TAOA 模型重新表示为 $TAOA_{without-glob}$。具体来说，本章从 TAOA 损失函数中删除了全局结构近似分量 L_{glob}^{t} 和 L_{glob}^{t-1}，还考虑了不探索局部结构近似分量的情况，并将这种 TAOA 模型命名为 $TAOA_{without-loc}$。具体来说，本章从 TAOA 损失函数中删除了局部结构近似分量 L_{loc}^{t} 和 L_{loc}^{t-1}。由于本章的模型处理的是时序属性网络，所以不能从 TAOA 损失函数中移除最后一个分量 L_{com}^{t}。在实验部分，本章还采用了最后一次快照的嵌入向量进行节点分类任务。

图 5-4 比较了两个数据集上的 Micro-F1 值和 Macro-F1 值。从图 5-4 中可以看出。模型 TAOA 在 Flickr 和 BlogCatalog 数据集的节点分类任务上性能最好。$TAOA_{without-glob}$ 的整体性能优于 $TAOA_{without-loc}$，可能是因为节点的局部近似关系包含了更多有价值的节点信息。实验结果还显示了本章提出的模型对于属性网络嵌入的高效性。

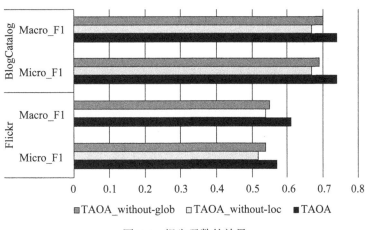

图 5-4　损失函数的效果

5.3.4 参数敏感性分析

在本节中将展示参数敏感性分析。特别地，本章评估了 SHGC 的次幂数 P 和衰减系数，这些参数可以影响链路预测性能。由于 RHNs 数据集是一个真实的时序属性网络，本章选择该数据集对这两个参数进行敏感性分析。由于 P 和 γ 共同决定了最终的节点信息，所以本章同时分析了这两个参数。当分析 P 时，将 γ 设置为 0.8，当分析 γ 时，P 设置为 2。

对于参数 P，本章通过将 SHGC 的次幂数 P 从 1 增加到 4，每一步增加 1 来证明改变该参数的效果。在图 5-5 中，可以看到在 $P=2$ 时得到最佳结果；随着 P 从 1 增加到 2，性能继续增加；随着 P 重新开始增加，性能略有下降。对于参数 γ，本章通过将阻尼因子 γ 从 0.5 增加到 0.9，每一步增加 0.1 来证明改变该参数的效果。在图 5-6 中，可以看到，得到最好的结果的取值是 $\gamma=0.8$，γ 从 0.5 增加到 0.8，性能继续提高；随着 γ 继续增加，性能会略有下降。

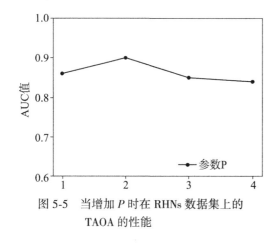

图 5-5　当增加 P 时在 RHNs 数据集上的
　　　　TAOA 的性能

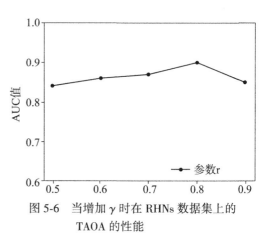

图 5-6　当增加 γ 时在 RHNs 数据集上的
　　　　TAOA 的性能

📝 本章小结

本章提出了一个有效的框架 TAOA，该框架用于时序属性网络嵌入，它采用一个离群感知的自编码器来建模节点信息。它结合了当前快照和之前的快照，共同学习当前快照的嵌入向量，并且能够稳定而有效地建模时序依赖性。此外，本章提出了简化的高阶图卷积机制 SHGC 来预处理时序属性网络中每个快照的每个节点的属性特征。SHGC 将属性信息整合到链路结构中，可以在链路结构中显示属性信息。在时序属性网络数据集上的实验结果表明，本章的模型与各种对比模型相比具有竞争力。为了增强可解释性和易于计算，本章的模型只考虑两个相邻的快照，未来将考虑更多的快照。

最近，一些研究人员从不同的角度定义了离群节点，例如多视图离群节点。本章将扩展这些定义，并考虑更多以前的快照，以便在未来的工作中共同学习嵌入向量。此外，网络通常由多种类型的边和节点组成。本章未来还将研究具有多视图离群节点的异质动态网络的网络嵌入。

第6章　基于小波图神经网络的
时序网络链路预测方法

网络通常用于描述复杂的系统，其中每个节点代表一个实体，每个边代表一对实体之间的相互作用。现实世界中绝大多数网络不是静态的，而是不断发展的，可以将其制成时序网络。近年来，时序网络在许多研究领域得到了广泛的研究和应用，如社交网络、生物网络和合著网络。链路预测是时序网络中一种重要的分析工具，其目的是根据一系列网络快照推断出新的链路，可以更好地理解网络演化。

在许多文献中已经提出了许多关于时序网络中的链路预测方法，然而，在大多数早期的研究中，忽略了在连续网络快照中的连接信息，从而导致链路预测的性能不佳。网络结构的表示包括拓扑结构特征和时序演化特征，是时序网络中有效链路预测的关键信息。拓扑结构特征表示网络的拓扑信息，而时序演化特征表示从当前快照到下一个快照的网络拓扑演化模式。因此，必须同时使用拓扑和时序特征来理解时序网络的复杂行为。一种常见的方法是基于非负矩阵的分解来探索网络的拓扑信息。然而，现实网络往往是稀疏和庞大的，使用矩阵分解的方法可能会导致较高的计算成本。此外，如 Yu 等（2003）所讨论的内容，这些方法提取高维特征的相关性的能力也很有限。与基于矩阵分解的方法不同，动态三元模型采用了三元闭包过程机制来实现时序网络的形成和演化。然而，由于在更稀疏的网络中，随着时序的推移，开放三元组很难形成封闭三元组，因此处理稀疏网络的效率很低。学习有效的节点表示，以编码高维和非欧几里得网络信息，已经成为时序网络领域中的一个挑战性问题。然而，神经网络技术的出现，特别是深度学习技术，为这一领域带来了新的见解。一些表示学习方法侧重于静态网络，如 DeepWalk、Node2vec、结构深度网络嵌入（structural deep network embedding，SDNE）等，不能直接获得时序网络中的时序特征。通过时序网络的时序特征，有时序限制条件的玻尔兹曼机（conditional temporal restricted boltzmann machine，ctRBM）扩展了标准 RBM 的结构，然而它是一个浅层的模型，提取非线性特征的能力有限。深度置信网络（deep belief network，DBN）探索了静态网络在每个时间戳上的拓扑特征，但它不能同时从多个网络快照中捕获拓扑特征和时序特征。Li 等（2018）开发了一个深度动态网络嵌入（deep dynamic network embedding，DDNE）模型，使用门控递归单元（gated recurrent units，GRUs）来捕获拓扑和时序特征，然而，DDNE 模型的输入仍然是网络的邻接矩阵，因此仍然存在计算成本较高的问题。最近，Cheng 等（2019）开发了一个端到端 E-LSTM-D 模型，将一个堆叠的长短期记忆网络（long short-term memory，LSTM）集成到编解码器架构中，然而，该模型的输入也是网络的邻接矩阵。灵活的动态网络异常检测深度嵌入方法（NetWalk）利用改进的随机游走方法来提取网络的拓扑和时序特征，但是它没有考虑到之前的快照来提取特征，因此特征表示能力不足。

为了解决上述问题，本章提出了一种新的模型——拓扑与时序图小波神经网络（topological and temporal graph wavelet neural networks，TT-GWNN）用于时序网络上的链路预测。为了有效地预测时序网络的链路，该模型采用高效的神经网络深度嵌入拓扑和时序特征。受 Ahmed 等（2016）启发，本章提出了一种二阶加权随机游走采样算法（second-order weighted random walk sampling algorithm，SWRW）来有效地捕获拓扑和时序特征。Ahmed 等（2016）只考虑了给定节点的直接邻居的权重值，因此不足以捕获时序网络的拓扑和时序特征。然而，在现实生活的网络中，一个节点的二阶邻居也有一些关于当前节点的有用信息。因此，本章节提出了 SWRW 算法，该算法能够从先前的网络快照中提取出给定节点的直接邻居以及这些邻居的邻居所具有的拓扑和时序特征。更具体地说，本章的 SWRW 算法将之前的一阶和二阶权值的快照结合成一个加权图，即该加权图将时序网络的拓扑特征和时序特征与权值相结合。它还包含了一个衰减系数，为最近的快照分配更大的权重，这可以更好地保持时序网络的演化权重。然后粒子根据权重移动。通过该方式，SWRW 可以更好地保留网络的拓扑结构和时序演化特征。此外，与模型输入内容的邻接矩阵相比，SWRW 可以降低模型的输入维度。然后本章采用图小波神经网络（graph wavelet neural networks，GWNNs），将其拓扑特征和时序特征嵌入向量。在链路预测阶段，本章使用 GRUs 构建模型，并应用 C3D 方法的主要思想进行训练，可以有效地捕获网络快照之间的时序依赖性。

本章提出了一个模型 TT-GWNN 来执行链路预测时序网络中的运动，该模型采用 GWNN 方法在网络中深度嵌入节点。GWNN 用图小波代替图拉普拉斯算子的特征向量作为一组基，通过小波变换和卷积定理来定义卷积算子。相比于传统的图卷积网络（GCNs），GWNN 不需要对拉普拉斯矩阵进行特征分解，因此是更有效的。本章还提出了一种 SWRW 采样算法进行拓扑和时序特征提取，可以有效地捕获时序网络的演化行为。它根据权重系数对给定节点的邻居进行采样。更具体地说，对于当前的快照，SWRW 将其以前的一阶和二阶权值快照合并成一个加权图，并使用一个衰减系数为最近的快照分配更大的权值，这可以更好地保持时序网络的演化权值。在 4 个真实世界的数据集上进行的实验表明，TT-GWNN 一直优于一些先进的对比模型，例如 Facebook friendships、hp-ph、Digg 和 Facebook wall posts。

6.1　问　题　定　义

接下来给出一些必要的定义，并正式描述本章的研究问题。

定义 6.1(网络)：一个网络可以用图形来表示：$G = (V, E)$，其中 $V = \{v_1,$ $v_2, \cdots, v_n\}$ 表示一组节点，n 为网络中的节点个数，$E \subseteq V \times V$ 表示链路的集合(边)。

定义 6.2(时序网络)：时序网络被定义为 $G_t = (V, E_t)$，它代表一个网络 $G = (V, E)$ 随着时序的演化，并生成一个快照序列 $\{G_1, G_2, \cdots, G_T\}$，其中 $T \in \{1, 2, \cdots, T\}$ 表示时间戳。

请注意，在上面的定义中，节点的集合是固定的，而边 E_t 可以随着时间的推移而演变。

时序网络的链路预测：对于时序网络的 G_t，其邻接矩阵可以表示为 A_t，其中 t 表示时间戳。对于 A_t，它是一个存储顶点关系的二维数组。A_t 中的元素可以表示为 a_{ij}，其中 i 表示某一行，j 表示某一列。如果 $a_{ij} = 0$，顶点 i 和 j 之间没有边；否则，就有一条边。给定一个含有 T 个快照的网络序列 $\{A_1, A_2, \cdots, A_T\}$，其目标是预测邻接矩阵 A_{T+1} 在时间点 $T + 1$ 的状态。

6.2　拓扑与时序图小波神经网络

本节将介绍一个链路预测模型，称为 TT-GWNN。在该模型中，本章首先提出了一种(second-order weighted random walk sampling algorithm, SWRW)采样算法来提取时序网络中每个节点的拓扑特征和时序特征。然后将采样的拓扑和时序特征输入 GWNN 进行网络嵌入。最后，采用 GRUs 来预测新的链路，并将 GRUs 的输出与可靠的真实值进行比较，以最小化平方损失。

6.2.1　拓扑特征提取和时序特征提取

对于一个给定的时序网络 $G_t = (V, E_t)$，传统的邻居节点采样方法是使用广度优先遍历(breadth-first traversal, BFS)算法或深度优先遍历(depth-first traversal, DFS)算法。在 BFS/DFS 算法的基础上，提出了 DeepWalk、node2vec 和 role2vec，可用于将网络节点嵌入低维向量。然而，这些方法对当前快照中的邻居节点进行了采样，只捕获了拓扑结构特征，而忽略了时序演化特征。相反，本章提出的 SWRW 算法，对每个快

照的每个节点 v 进行节点采样。更具体地说，SWRW 将以前的一阶权值和二阶权值的快照合并成一个加权图，并使用衰减系数 γ 为最近的快照分配更大的权重，其可以在加权图上将拓扑和时序特征结合起来，粒子根据权值遍历。基于上述思想，本章设计了权重矩阵。

权重矩阵：用于时序网络 $G_t = (V,\ E_t)$，它随着时间的推移而发展，并生成一系列快照 $\{G_1,\ G_2,\ \cdots,\ G_T\}$，其中 $T \in \{1,\ 2,\ \cdots,\ T\}$ 表示时间戳。每个快照的邻接矩阵可以表示为 $\{A_1,\ A_2,\ \cdots,\ A_T\}$，每个在 A_t 的元素可以表示为 a_{ij}，它表示未加权网络的二进制值和加权网络节点间链路的连接强度值。在实验中，本章将未加权的网络转换为加权的网络。本章使用节点 i 和节点 j 的共享邻居的数量加上邻接矩阵 A_t 的元素 a_{ij} 作为每个快照 G_t 的节点的权重。对于每个快照的权重矩阵，都被定义为：

$$W_t = \sum_{k=1}^{t} \gamma^{t-k}(A_k + A_k^2),\ 0 < \gamma < 1,\ 1 \leqslant t \leqslant T \qquad (6\text{-}1)$$

其中，γ 为衰减系数。一个适当的值对于捕捉演化的网络非常重要，对于随着时间的推移而更加稳定的网络来说，该值越大，效率越高，反之亦然。A_k^2 表示时间戳 k 中节点之间的 2 跳关系。权重矩阵 W_t 中的元素可以表示为 w_{ij}^t，其中 i 表示一行，j 表示一列，其值表示时间戳 t 中节点 i 和节点 j 之间的关系强度。权重矩阵 W_t 将之前的一阶权值和二阶权值的快照保留到一个加权图中，它可以将一个加权图上的拓扑特征和时序特征结合在一起。

通过权值矩阵进行随机游走：对于长度为 L 的随机游走，本章将转移概率定义为 s_{ij}，它表示从节点 i 行走到节点 j 的概率。

$$s_{ij}^t = \frac{w_{ij}^t}{\sum\limits_{v_k \in N(v_i)} w_{ik}^t} \qquad (6\text{-}2)$$

上式中的 w_{ij}^t 是权值矩阵 W_t 的第 i 行第 j 列元素，而 $N(v_i) = \{v \mid v \in V,\ (v,\ v_i) \in E\}$ 是 v_i 的集合邻居。详细的算法描述见表 6-1。

表 6-1 列出了算法 1，其中有两个参数：L 为给定起始节点 v 随机行走路径长度的采样路径长度，R 为给定起始节点 v 随机游走采样路径数。在算法 1 中，每个 $X[i]$ 表示在时间 i 时网络中所有节点的被采样邻居节点的集合，以及 x_i^v 表示时间 i 时网络中节点 v 的被采样的邻居的集合，$N(v)$ 表示节点 v 的邻居节点的集合。第一层循环用于从时序网络 $G_t(V,\ E)$ 中选择时间 i 时的快照，其目的是遍历所有的快照。第二个循环用于遍历每个快照的每个节点 $v \in V$，目的是获得每个节点 $v \in V$ 的拓扑特征和时序特征。利用第三循环和第四循环，根据转移概率矩阵对每个快照的每个节点 $v \in V$ 进行拓扑和时序特征的采样。

表 6-1	算 法 1

算法 1：二阶加权随机游走采样算法（SWRW）

输入：$G_t(V, E_t)$：该网络是一个时序网络，本章通过时间戳将其均匀地划分为一个快照序列 $\{G_1,$ $G_2, \cdots, G_t\}$；

   L：采样路径的长度；

   R：采样路径的数量；

输出：$X[i]$，$i \in \{1, 2, \cdots, T\}$，其中每个 $X[i]$ 由网络中每个节点 v 的样本集组成；

1 for $i \in \{1, 2, \cdots, T\}$ do

2   根据公式 6-2 计算转移概率矩阵 S^i；

3   选择一个快照 $G_i(V, E_i)$；

4   for $v \in V$ do

5   for $k \in \{1, 2, \cdots, R\}$ do

6       $v_{k, 1} = v$；

7   for $j \in \{1, 2, \cdots, L\}$ do

8   根据转移概率矩阵 S^i 选择一个在 $N(v_{k, j})$ 的节点 $v_{k, j+1}$；

9   将节点 $v_{k, j+1}$ 加入 x_i^v；

10   end

11   end

12     $X[i].\text{add}(x_i^v)$；

13   end

14 end

时间复杂度分析：设 T 表示快照数，n 表示节点数，L 表示采样路径的长度，R 表示采样路径的数量。SWRW 算法为时序网络中每个快照的每个节点 v 生成一组样本 $X[i]$（$i \in \{1, 2, \cdots, T\}$）的时间复杂度为 $O(T \cdot R \cdot L \cdot n)$。对于一个时序网络，式（6-1）针对每个快照构造了组合权重矩阵 W_t。本章采用了复杂度接近 $O(n^2)$ 的稀疏矩阵乘法。该算法的第 2 行对于每个节点 v 与其他节点的转移概率矩阵 S_{ij}^t，其时间复杂度为 $O(T)$。因此，计算时序网络中每个快照的所有 n 个节点的转移概率矩阵需要 $O(T \cdot R \cdot L \cdot n)$ 的时间复杂度。由于可以将 T、R、L 和 n 视为常数，所以本章提出的算法 SWRW 其时间复杂度为 $O(n^2)$。

6.2.2 神经网络模型

本章的神经网络模型由嵌入层和门控循环单元（gated recurrent unit，GRU）层组成，如图 6-1 所示，其中，图(a)表示原始输入，即一个具有多个网络快照的时序网络 Gt；图(b)表示一个拓扑和时间特征采样层，根据每个快照的一阶和二阶权重采样特征；图(c)表示一个嵌入层，将网络中的每个节点映射到其低维表示；图(d)表示一个 GRU 层，构建用于链路预测的模型；图(e)表示模型输出。

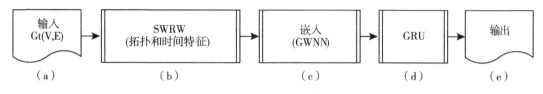

图 6-1　TT-GWNN 模型概述图

嵌入层(GWNN)：网络嵌入将网络结构属性编码为低维的矩阵 $\boldsymbol{X} \in \mathbf{R}^{D \times |V|}$，其中每一列表示网络中一个节点的表达方式。在模型中，本章采用 GWNN 将节点 u 非线性映射到它的 D 维表示 $\boldsymbol{x}_u \in \mathbf{R}^D$。GWNN 是一种利用小波技术开发的新型图卷积神经网络，该网络使用小波变换来代替图神经网络的傅里叶变换。与传统的 GCNs 相比，GWNN 不需要对拉普拉斯矩阵的特征分解，因此效率更高。

GWNN 专注于静态网络，本章为每个快照设计了一个 m 层的 GWNN，用于时序网络嵌入的无监督节点学习。对于第 m 层 GWNN，每个 GWNN 层的输入都是一个节点特征矩阵 $\boldsymbol{X}^1$，维数为 $n \times p$，输出张量 $\boldsymbol{X}_{m+1}$ 尺寸为 $n \times c$。GWNN 的框架如图 6-2 所示，每个网络快照嵌入的 GWNN 模型：模型输入为 $\boldsymbol{X}^1$，输出为 $\boldsymbol{X}^{m+1}$，其中 $\boldsymbol{X}^1_{[:, i]}$ 和 $\boldsymbol{X}^{m+1}_{[:, i]}$ 是第 i 列 $\boldsymbol{X}^1$ 和 $\boldsymbol{X}^{m+1}$，$\boldsymbol{X}^1_{[:, j]}$ 和 $\boldsymbol{X}^{m+1}_{[:, j]}$ 是第 j 列 $\boldsymbol{X}^1$ 和 $\boldsymbol{X}^{m+1}$，其中 i 和 j 分别表示任意两个节点；本章通过式(6-5)对模型进行训练并更新参数。本章将每个快照的模型的公式定义为

$$\boldsymbol{X}^2_{[:, j]} = \mathrm{ReLU}\left(\boldsymbol{\psi}_s \sum_{i=1}^{p} \boldsymbol{F}^1_{i, j} \boldsymbol{\psi}^{-1} \boldsymbol{X}^1_{[:, i]}\right), \quad j = 1, 2, \cdots, q \tag{6-3}$$

$$\cdots\cdots$$

$$\boldsymbol{X}^{m+1}_{[:, k]} = \mathrm{ReLU}\left(\boldsymbol{\psi}_s \sum_{i=1}^{p} \boldsymbol{F}^1_{i, j} \boldsymbol{\psi}^{-1} \boldsymbol{X}^1_{[:, i]}\right), \quad k = 1, 2, \cdots, c \tag{6-4}$$

其中，$\boldsymbol{X}^1_{[:, i]}$ 是维数 $n \times 1$ 的第 i 列 $\boldsymbol{X}^1$，ReLU 是一个非线性激活函数，$\boldsymbol{\psi}_s$ 是小波基，$\boldsymbol{\psi}^{-1}$ 是尺度上的图小波变换矩阵，它将顶点域的信号投影到谱域，$\boldsymbol{F}^n_{ij}$ 是在 n 层谱域学习的对角滤波器矩阵，c 是每个节点的嵌入维数，维数 $n \times c$ 的 $\boldsymbol{X}^{m+1}$ 是网络的嵌入矩阵。本章为每个快照嵌入定义了以下损失函数来训练模型，其中 n 为节点数，$\boldsymbol{X}^{m+1}_{[:, i]}$ 为 $m + 1$ 层中节点 i 的向量表示，$\mathrm{Adj}(\boldsymbol{X})$ 得到 i 的邻居节点表示，Average 表示一个平均的处

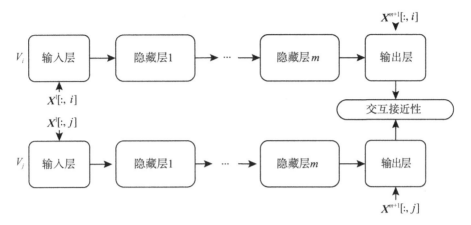

图 6-2　GWNN 的框架图

理操作。

$$\text{Loss} = \frac{1}{n} \sum_{i=1}^{n} (X_{[:,i]}^{m+1} - \text{Average} (\text{Adj}(X_{[:,i]}^{m+1})))^2) \tag{6-5}$$

对于所有的快照，本章使用算法 2(见表 6-2)进行节点嵌入。算法 2 设有两个参数：$X^{1,t}$ 是快照 t 中每个节点的特征矩阵，另一个参数 m 定义 GWNN 有多少层。在算法中 $Y_t \in \mathbf{R}^{N \times k}$（$N$ 为节点数，K 为维数)为 G_t 的表示，其中 $t \in \{1, 2, \cdots, T\}$。该循环用于从时序网络 $G_t(V, E)$ 中选择时间 t 时的快照，其目的是从本章设计的模型 2(图 6-3)计算 X^{m+1}。

表 6-2　　　　　　　　　　　　　算　法　2

算法 2：图小波神经网络的时序网络嵌入

输入：$G_t(V, E_t)$：对于时序网络，本章将其按时间戳平均划分为快照 $\{G_1, G_2, \cdots, G_t\}$ 序列；

输出：Y_t，$t \in \{1, 2, \cdots, T\}$，其中每个 $Y_t \in \mathbf{R}^{N \times k}$（$N$ 为节点数，K 为维数)是 G_t 的表示；

1　for $t \in \{1, 2, \cdots, T\}$ do

2　　$X^1 = X^{1,t}$；

3　　从本章的设计模型中计算 X^{m+1}（参考式(6-3)和式(6-4)）；

4　　$Y_t = X^{m+1}$；

5　end

GRU 层：GRUs 是一种改进的递归神经网络(recurrent neural networks，RNNs)，它

可以解决 RNNs 不能处理长距离依赖性的问题。GRU 实现了两个门，更新后的门和复位门。更新门用于控制上一个时间戳进入当前状态时的状态信息。复位门用于控制被忽略的先前时刻的状态信息。GRU 框架如图 6-3 所示。

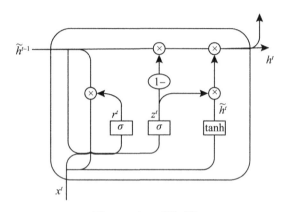

图 6-3　GRU 框架图

对于 GRU，计算过程可以被视为一个黑盒子。当前 x^t 和之前被输入 GRU 的隐藏状态 h^{t-1}，它们合并两个输入并计算当前的隐藏状态 h^t。该机制可以有效地保存每个节点的历史信息。

本章采用 GRU 对新的链路进行了预测，并采用了 C3D 方法的思想来训练模型，它类似于三维卷积核的卷积处理，可以更好地捕捉网络快照的时序依赖性。C3D 的主要思想体现在下面的训练过程中，训练模型的细节如图 6-4 所示。

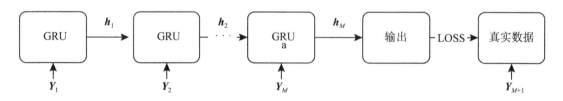

图 6-4　GRUs 的训练框架图

模型的输入是 $\{Y_1, Y_2, \cdots, Y_T\}$，其中每个 Y_t 用 $t \in \{1, 2, \cdots, T\}$ 表示快照 G_t。在训练阶段，本章从 $\{Y_1, Y_2, \cdots, Y_T\}$ 中迭代地选择 M 个快照 $\{Y_1, Y_2, \cdots, Y_M\}$ 来训练模型，其中 $M < T$ 表示训练集的数量。本章开始使用 $\{Y_1, Y_2, \cdots, Y_M\}$ 作为训练样本和使用 Y_{M+1} 用于标签。训练结束后，继续使用 $\{Y_2, Y_3, \cdots, Y_{M+1}\}$ 作为训练样本，Y_{M+2} 来做标签，如此进行下去，直到训练样本是 $\{Y_{T-M}, Y_{T-m+1} \cdots,$

Y_{T-1}}，这个标签是 Y_T。本章的模型的输出是 $\hat{Y}_w$。对于目标函数，本章使用了由以下公式给出的平方损失函数。训练好模型之后，将 {Y_{T-M+1}，Y_{T-M+2}，…，Y_T} 输入到模型来预测新的链路。

$$\text{Loss} = \frac{1}{T-M}\sum_{w=M+1}^{T}(\hat{Y}_w - Y_w)^2 \tag{6-6}$$

6.3　实　　验

本节描述了数据集和对比模型，并给出了实验结果，以说明 TT-GWNN 在时序网络的链路预测中的有效性。

6.3.1　数据集

本章在网络图结构数据合集（KONECT）项目中的不同的领域选择了 4 个时序网络。本章使用了 2 个无定向时序网络（FF，Facebook friendships 和 Hep-Ph）和 2 个定向网络（Digg 和 Facebook wall posts）。所有的网络都有不同的大小和属性。他们的静态属性如表 6-3 所示。

表 6-3 　　　　　　　　　　　　4 种时序网络的统计数据

网络	节点数量	链路数量	聚类系数	链路形式
FF	63 731	817 035	14.8%	间接
Hep-Ph	28 093	4 596 803	28.0%	间接
Digg	30 398	87 627	0.56%	直接
FWP	46 952	876 993	8.51%	直接

FWP（Facebook wall posts）的数据集包含了脸书用户的好友数据。节点表示用户，边是两个用户之间的好友关系。该数据集包含了整个脸书交友网络的很小一部分。本章把它们按年划分，然后将 F_1 到 F_5 表示为本章的实验。从 F_1 到 F_4 的快照是用来训练模型的，然后 F_5 用作模型预测的真实数据。

arXiv hep-ph 数据集是来自 arXiv 的高能物理-现象学部分的科学论文作者的协作网络。节点代表作者，链路代表常见的出版物。时间戳表示发布的日期。该数据集包含 12 年（1991—2002）的数据。在实验中，本章选择了 5 年（1995—1999），并将其表示为

A_1 到 A_5。每个快照包含一个 1 年的网络结构，用前 4 年的快照训练模型，最后一个快照用来预测真实数据。

Digg 数据集是社交新闻网站 Digg 的回复网络。节点代表网站的用户，两个节点之间的边表示一个用户回复了另一个用户。该数据集包含 16 天的记录，本章将它们按天均匀地合并成 5 个快照，并将其表示为从 D_1 到 D_5。对于本章的实验，快照从 D_1 到 D_4 是用来训练模型的，而 D_5 被用作网络预测真实数据。

该数据集包含 6 年（2004—2009）的数据。在实验中，本章将 2004 年和 2005 年的数据合并为一个网络快照，并将其定义为 W_1，其余的数据按年份被定义为 W_2 到 W_5。每个快照都包含一个 1 年的网络结构。前 4 年的快照用于训练模型，最后一个快照用于网络预测真实数据。在上述数据集上的实验中，使用最后一个快照作为网络预测真实数据的部分，用其他快照来训练模型。

6.3.2　评估度量模型和对比模型

本章采用 ROC 曲线下方的面积（area under the curve，AUC）来评价不同方法的性能。AUC 与分类器的敏感性（真正例率）和特异性（真负例率）有关。这个度量被严格地限制在 0 和 1 之间。AUC 越大，模型的性能就越好。

本章将 TT-GWNN 与以下 5 个对比模型进行了比较：CP-tensor、BCGD、LIST、STEP 和 NetWalk。由于 DDNE 和 E-LSTM-D 的输入是邻接矩阵，具有较高的计算量，当处理大规模网络时，本章没有使用它作为对比模型。

CP-tensor：该模型探索了一种基于矩阵和张量的链路预测方法。具体来说，它将所有历史快照的邻接矩阵堆叠成一个三维张量，其中时间作为第三维，然后利用矩阵分解技术对链路进行预测。

BCGD：BCGD 被认为是一种可扩展的方法，它采用时间隐藏空间模型进行链路预测，其方法为假设两个节点在其隐藏空间中彼此靠近，则更有可能形成一个链路。

LIST：LIST 将网络动态表示为一个时间的函数，它集成了时序网络中的拓扑一致性和时序一致性。在实现过程中，它利用一个线性时间函数来建模网络的演化。

STEP：STEP 是一个在时序网络中相对较新的链路预测框架，它同时考虑了拓扑特征和时序特征。它利用联合矩阵分解算法，同时学习拓扑和时序约束来塑造网络演化的过程。

NetWalk：NetWalk 模型保留了给定时序网络的拓扑特征和时序演化模式。该模型通过团嵌入随着网络的发展而动态更新网络表示。它侧重于异常检测，并且本章采用它的向量表示来预测链路。

参数设置：最后一个快照中的链路通常非常稀疏，有很多节点没有被连接起来。在评估过程中，本章随机生成了大量非连通边，数量不超过连通边的 2 倍，以确保数据的均衡性。本章提出的 TT-GWNN 框架可以将网络嵌入一个低维向量。对于 Hep-Ph（28 093 个节点）和 Digg（30 398 个节点），本章设置了 256 个维度的输出。对于 Facebook wall posts 数据集（46 952 个节点）和 Facebook friendships（63 731 个节点），本章设置了 512 个维度的输出。如果增加或减少维度，性能将保持不变，或者变得更糟。对于不同的数据集，对比模型的参数被调整为最优。BCGD 方法仅适用于无向网络。对于有向网络，本章通过 $(A^T + A)/2$ 将有向网络的邻接矩阵转移到无向网络中。其他设置包括：模型的学习率为 0.0001，采样路径长度 L 设置为 80，采样路径数 R 为 10，训练模型的 M 为 3，GWNN 层的 M 层数设为 5，衰减系数 γ 设为 0.75。对于实验结果，本章独立进行了 5 次，并报告了每个数据集的平均 AUC 的值。实验是在 Ubuntu 16.04 操作系统上施行的，使用 3.7GHz 的机器，64GB 内存，GeForce GTX 1080 Ti 和 Python 3.5。

6.3.3　实验结果

在实验中，本章比较了 5 个对比模型在 4 个时序网络上的链路预测性能。本章首先在每个快照中将每个顶点嵌入一个向量。对于每个数据集，本章按时间戳划分，最后的快照用作网络预测真实数据，之前的快照用于训练 TT-GWNN 模型。训练结束后，本章将窗口向未来移动了一步，以获得最后一个快照的每个节点的向量表示。最后，本章利用所得到的表示形式来预测网络结构。

表 6-4 比较了 4 个数据集上的 AUC。与对比模型相比，本章的方法 TT-GWNN 取得了最好的性能。尤其是在脸书的好友关系数据集上，与其他对比模型相比，本章模型的 AUC 值高于 11%。原因可能是，当 γ 被固定时，其值越小，对于随着时间的推移而更不稳定的网络效率就越高。然而，与其他数据集相比，该数据集随着时间的推移而变得更加稀疏，从而获得了良好的性能。本质上，本章使用 SWRW 算法对时序网络的每个节点 v 进行拓扑特征和时序特征采样，根据一阶和二阶权值系数对给定节点的邻居进行采样。该算法保留了时序网络的演化权值，可以更好地捕获拓扑特征和时序特征。TT-GWNN 还采用 GWNN 对节点深度嵌入拓扑特征和时序特征，由于它是一个深度模型，计算成本较低，可以更好地捕获非线性网络属性，因此，它比上述对比模型有优势。此外，本章的模型采用了 C3D（3D convolutional neural network）的思想进行训练，它可以捕捉网络的演化，也有助于提高性能。

表 6-4　　　　　　　　　对 4 个数据集的结果预测 (AUC 的值)

模型	Hep-Ph	Digg	FWP	FF
CP-tensor	0. 54	0. 66	0. 71	0. 52
BCGD	0. 60	0. 68	0. 74	0. 61
LIST	0. 63	0. 73	0. 72	0. 55
STEP	0. 61	0. 74	0. 75	0. 57
NetWalk	0. 69	0. 71	0. 74	0. 70
TT-GWNN	**0. 75**	**0. 77**	**0. 76**	**0. 81**

6. 3. 4　参数敏感性分析

本节进一步进行了参数敏感性分析, 结果总结在图 6-5 中。具体来说, 本节估计了训练的衰减系数 γ 和 M 对于训练如何不同, 并且估计了采样路径的长度 L 和采样路径的数量 R 对链路预测结果的影响。

衰减系数 γ。本章将衰减系数 γ 范围改变为从 0. 45 到 0. 95, 每一步增加 0. 1, 以证明改变该参数的效果。当此参数被验证时, 其他参数设置为默认值。结果表明, 当 $\gamma = 0. 75$ 时, 效果最佳。从图 6-5(a) 可以看出, 随着 γ 从 0. 45 增加到 0. 75, 性能继续提高。在 $\gamma = 0. 75$ 时得到最佳结果, 之后在 γ 继续上升的情况下, 性能略有下降或保持不变。

训练的时间窗口大小为 M。由于 Digg 数据集包含 16 天的记录, 本章按天将其分割生成 16 个快照。由于它比其他数据集有更多的快照, 本章选择 Digg 数据集对时间窗口大小为 M 的参数进行敏感性分析。本章将窗口大小从 1 改变到 7, 以检查改变这个参数的效果。在验证此参数后, 其他参数将设置为默认值。结果表明, 当 $M = 3$ 时取得的效果最好。原因可能是快照与当前快照越接近, 关于当前快照的信息就越多。从图 6-5(b) 可以看出, 当 M 不断增加时, 精度不再增加。

采样路径长度 L 和采样路径的数量 R。由于 L 和 R 共同决定了当前节点的采样大小, 所以本章一起分析了这两个参数。当分析 L 时, R 设置为 10, 当分析 R 时, L 设置为 80。实验结果表明, 当 $L = 80$ 和 $R = 10$ 时, 其性能最佳, 具体情况如图 6-5 所示, 其中, 图(a) 表示当 γ 增加时, TT-GWNN 在 4 个数据集上的性能; 图(b) 表示当 M 增加时, TT-GWNN 在 Digg 数据集上的性能。图(c) 表示当 L 增加时, TT-GWNN 在 4 个

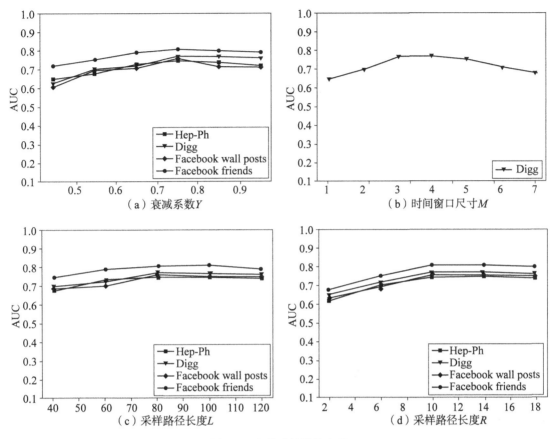

图 6-5　参数灵敏性的实验

数据集上的性能。图(d)表示当 R 增加时 TT-GWNN 在 4 个数据集上的性能。

6.3.5　可伸缩性分析

本章使用 Facebook friendships 数据集衡量 TT-GWNN 的效率。本章随机生成了一个具有不同节点数(20 000，30 000，…，60 000)的原始 Facebook 网络的子集，并测试了每种方法的运行时间。本章进行了 5 个独立的实验来报告在运行时间(秒)内的平均效率。如图 6-6 所示，本章的模型的运行时间低于对比模型。随着节点数量的增加，与 Facebook friendships 数据集中的对比模型相比，本章的模型运行时间增长得更慢。因此，本章的模型具有处理大规模网络的优势。

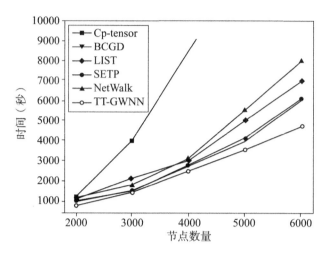

图 6-6 比较不同方法在 Facebook friendships 数据集上的运行时间与网络规模的关系图

📝 本章小结

本章提出了一个有效的框架 **TT-GWNN**，用于时序网络中的链路预测，它捕获了网络的拓扑和时序演化特征。本质上，本章提出了 SWRW 算法来提取每个快照中的拓扑和时序特征来形成网络演化。该算法将之前的一阶权值和二阶权值的快照组合成一个加权图，并使用一个衰减系数为最近的快照来分配更大的权值。这样一来，SWRW 就可以更好地保存网络的拓扑结构和时序演化的特征。实验证明了 **TT-GWNN** 模型的有效性，并且相比于对比模型，性能得到了显著的提高。

本章未来的工作将进一步研究如何改进特征提取方法，以更好地捕获时序网络中节点的拓扑和时序特征。由于使用聚合方法可以保留更多有用的节点特征，本章未来的工作还将侧重于如何更有效地聚合拓扑和时序特征，并研究不同聚合方法的性能改进。对于现实生活中的网络，它们通常包含一些异构信息，如文本、位置、用户属性等。因此，本章还考虑了聚合异构特征以改进特征表示方法，并通过进行更全面的实验，更加关注模型的时间和空间复杂度。

第7章 基于深度学习架构的
时序网络链路预测

时序网络的链路预测旨在评估节点间未来连接的可能性，在社交网络、生物网络、交通分析等领域有着重要的应用。它也是时序网络的一种重要分析工具，有助于读者更好地理解网络演变。例如，本章可以预测近期将建立哪些链路，从而预测在线社交网络中的新关系。

目前学者们已经提出了许多网络链路预测的方法，共同邻居(common neighbors, CN)和资源分配指数(resource allocation index, RA)在静态网络的链路预测中被广泛使用。然而，这两种方法都依赖于网络的简单统计量，因此很难直接处理不断演变的网络结构。近年来，网络嵌入技术被提出用于学习网络的表示，如 DeepWalk、node2vec、SDNE 和 GCN。这些嵌入方法功能强大，但仍然无法分析网络的演变。时序网络的空间结构特征和时序演变特征是进行有效时序网络链路预测的关键信息。空间结构特征表示网络的拓扑关系，而时序演变特征表示网络从当前快照到先前快照的拓扑演变行为。为了理解时序网络的复杂行为，必须同时使用空间和时序特征来显示每个时间戳的空间结构以及随时间变化的时序属性。一种常见的方法是利用各种拓扑相似性，它根据节点过去的相似性分数值来预测节点之间未来的相似性分数。然而，它只能捕捉到部分特征，无法捕捉到时序网络的隐藏特征。还存在另一种基于非负矩阵分解的方法来探索网络的拓扑结构。然而，由于现实生活中的网络具有稀疏性和大规模性，使用矩阵分解的方法可能会有很高的计算成本。此外，这些方法提取高维特征相关性的能力有限。编码高维非欧几里得网络信息对于学习时序网络中的节点表示是一个挑战性的问题。然而，深度学习技术的出现为该领域的进一步研究带来了新的思路。Li 等(2018)开发了一种 DDNE 模型，利用门控循环单元来捕捉空间和时序特征。chen 等(2019)开发了一种端到端的 E-LSTM-D 模型，将堆叠的 LSTM 集成到编码器-解码器架构中。然而，这些模型的输入是网络的邻接矩阵，因此这也会导致很高的计算成本。tNodeEmbed 学习时序网络节点和边随时间的演变，并将动态性纳入时序节点嵌入框架，而 DCRNN 方法提出了一种扩散卷积循环神经网络来捕捉时空依赖性。为了实现有效的交通预测，STGCN 方法取代了常规的卷积单元和循环单元，整合了图卷积和门控时序卷积，T-GCN 方法将图卷积网络与门控循环单元相结合来捕捉时空特征。灵活的深度嵌入方法（NetWalk）利用改进的随机游走提取网络的拓扑和时序特征。DySAT 方法沿着结构邻域和时序动态这两个维度的联合自注意力机制计算节点表示，dyngraph2vec 方法使用由密集层和循环层组成的深度架构学习网络中的时序转换。然而，这些方法都没有考虑结合先前的快照，以加权的方式为当前快照的每个节点提取时空特征。因此，时序网络的表示能力仍然不足。

为解决上述已确定的问题，本章提出了一种用于时序网络链路预测的新模型，名为 THS-GWNN。该模型采用高效的神经网络深度嵌入空间和时序特征，从而能够有效地预测时序网络的链路。在时序网络中，当前快照拓扑结构源于先前的快照拓扑结构，所以本章结合先前的快照为当前快照的每个节点提取时空特征。受此想法启发，本章提出了一种时间戳分层采样算法（timestamp hierarchical sampling，THS）来捕捉网络的空间和时序特征，该算法从当前网络快照到先前的快照对给定节点的邻居进行采样。由于到当前节点跳数较少的节点通常与该节点关系更紧密，并且与当前快照更接近的快照与当前快照关系更紧密，本章添加一个衰减系数以确保跳数越少且快照越近时，采样的节点就越多。通过这种方式，THS 能够更好地保留网络的空间结构和时序演变特征。此外，这是一种基于局部特征提取的方法，能够降低输入特征维度并提高效率。本章采用图小波神经网络（graph wavelet neural networks，GWNN）将时空特征嵌入向量。在链路预测阶段，本章使用长短期记忆网络（long-short term memory networks，LSTMs）来捕捉网络快照之间的时序依赖性。

本章提出了一个名为 THS-GWNN 的模型来进行时序网络中的链路预测。该模型采用图小波神经网络（GWNN）对节点进行深度嵌入，能够更好地捕捉时序网络的非线性特征。本章还提出了一种时间戳分层采样算法 THS 用于空间和时序特征提取，该算法能够有效地捕捉时序网络的演变行为。它从当前快照的 K 跳邻居到先前快照的 K 跳邻居作为当前节点 v 的采样邻居，能够分层地为节点提取空间和时序特征。它还引入了一个衰减系数，将更多的采样节点分配给跳数更少和更接近的快照，从而能够更好地保留时序网络的演变行为。在 4 个真实世界的数据集（即 Facebook friendships、Hep-Ph、Digg 和 Facebook wall posts）上进行的实验表明，本章的 THS-GWNN 模型优于一些先进的对比模型。

7.1　问　题　定　义

本章将介绍一些定义，并正式阐述本文中的研究问题。

定义 7.1（网络）：一个网络可以用图形表示为：$G(V, E)$，其中 $V = \{v_1, v_2, \cdots,$

v_n} 表示节点集, n 为节点数量, $E \subseteq V \times V$ 表示节点间的链路(边)集合。

定义 7.2(时序网络)：本章遵循 Li 等(2018)提出的时序网络设定, 即节点集是固定的, 而边 E_t 可随时间演变。因此, 一个时序网络被定义为 $G_t(V, E_t)$, 它表示一个随时间演变的网络 $G(V, E)$, 并生成一个快照序列 {$G_1, G_2, \cdots, G_T$}, 其中 $t \in$ {$1, 2, \cdots, T$} 表示时间戳。

定义 7.3(节点的 K 跳邻居)：设 $G_t(V, E_t)$ 为一个时序网络。对于在时间戳 t 下的节点 v, 其 K 跳邻居可定义为集合 $N^t(v, K) = \bigcup_{k=1}^{k=K}$ {$\mathbf{R}^k(v, A_t^k)$}, 该集合包含在时间戳 t 下与 v 有 K 跳距离的部分邻居。值 k 表示跳数, $\mathbf{R}^k(v, A_t^k)$ 表示在时间戳 t 下第 k 跳时 v 的随机采样邻居集合, A_t^k 表示在时间戳 t 下第 k 跳时 v 的采样邻居数量, 且 $|\mathbf{R}^k(v, A_t^k)| \leqslant A_t^k$, 其中 $|\mathbf{R}^k(v, A_t^k)|$ 表示 $\mathbf{R}^k(v, A_t^k)$ 中采样邻居的数量。本章设定 $A_t^{k-1} = \gamma A_t^k$ 且 $A_{t-1}^1 = \gamma A_t^1 (t > 1)$, 其中 γ 是介于 0 和 1 之间的衰减系数, $\hat{A}$ 表示对 A 向上取整。

定义 7.4：设 $G_t(V, E_t)$ 为一个时序网络。对于节点 v, 从时间点 t_{Sta} 到时间点 t_{End} (即 $t_{Sta} \leqslant t_{End}$) 的所有 K 跳邻居被定义为 $\Gamma(v, K, t_{Sta}, t_{End}) = \bigcup_{t=t_{Sta}}^{t_{End}}$ {$N^t(v, K)$}, 其中 t 表示时间戳, K 表示跳数, $N^t(v, K)$ 是网络快照 G_t ($t \in$ {$t_{Sta}, \cdots, t_{End}$}) 中 v 的 K 跳邻居集合。

假设本章设定 $A_2^1 = 100$, $k = 3$, $\gamma = 0.8$, $t_{Sta} = 1$ 且 $t_{End} = 2$。根据定义 7.3 和 7.4, $A_2^2 = A_2^2 = 0.8 * A_2^1 = 80$, $A_2^3 = A_2^3 = 0.8 * A_2^2 = 64$, $A_1^1 = A_1^1 = 0.8 * A_2^1 = 80$, $A_1^2 = A_1^2 = 0.8 * A_1^1 = 64$ 且 $A_1^3 = A_1^3 = 0.8 * A_1^2 = 51$。对于时间戳为 t_{End} 的节点 v, 这意味着本章在当前快照中对 1 跳邻居的采样数量小于 100, 2 跳邻居小于 80, 3 跳邻居小于 64；并且在先前快照中对 1 跳邻居的采样数量小于 80, 2 跳邻居小于 64, 3 跳邻居小于 51。

时序网络的链路预测：对于生成一系列快照 {$G_1, G_2, \cdots, G_T$} 的时序网络 G_t, 本章分别使用邻接矩阵 {$A_1, A_2, \cdots, A_T$} 来表示其静态拓扑结构。对于 A_t (t 表示时间戳), 它是一个存储顶点关系的二维数组。A_t 中的元素可表示为 a_{ij}, 其中 i 和 j 分别表示二维数组的行和列。如果 $a_{ij} = 0$, 则顶点 i 和 j 之间没有边, 否则存在一条边。时序链路预测旨在根据先前的邻接矩阵 {$A_1, A_2, \cdots, A_T$} 预测时间戳为 $T + 1$ 时的邻接矩阵 A_{T+1}。

7.2　时间戳分层采样图小波神经网络

本节将介绍用于时序网络链路预测的模型(timestamped hierarchical sampling graph wavelet neural network, THS-GWNN), 在该模型中, 本章首先提出一种时间戳分层采样

THS 算法来提取时空特征。然后，将提取到的时空特征输入到图小波神经网络 GWNN 中进行网络嵌入。最后，采用长短期记忆网络 LSTMs 来预测新的链路。

7.2.1　时空特征提取

对于给定的时序网络 $G_t(V, E_t)$，经典的邻居节点采样方法（如 DeepWalk 和 node2vec）仅捕捉空间结构特征，而忽略了时序演变特征。相反，本章提出了时间戳分层采样 THS 算法来对每个节点 v 进行 $\Gamma(v, K, t_{Sta}, t_{End})$ 采样。它从当前快照的 K 跳邻居到先前快照的 K 跳邻居作为当前节点 v 的采样邻居，通过这种方式，THS 能够为每个节点提取空间和时序特征。由于距离当前节点跳数更小的节点以及与当前快照更接近的快照可能对当前节点有更大的贡献，本章添加一个衰减系数以确保跳数越少、快照越接近，采样的节点就越多（详见定义 7.3 和定义 7.4）。

THS 算法有 4 个输入参数（如表 7-1 所列算法 1 所示）：A_t^1：在时间戳 t 时节点 v 的 1 跳采样邻居数量；K：定义给定距离节点 v 从 1 到最多 K 跳的邻居数量；L：一个窗口大小，用于定义在采样 v 的邻居时考虑多少个先前的网络快照；γ：衰减系数，用于定义当前快照跳数，跳数越少则采样节点越多。本章定义 $X[i]$ 来表示在时间戳 i 时网络中所有节点的采样邻居，其中 $i \in \{1, 2, \cdots, T\}$。THS 从 L 个快照中提取时空特征以更好地模拟时序网络的演化行为。如果先前快照的数量大于 L，则在 $i - L + 1$ 和 i 个快照之间进行邻居节点采样。否则，仅从第一个快照 1 到当前快照 i 进行采样。

表 7-1 　　　　　　　　　　　　　　　　**算　法　1**

算法 1：时间戳分层采样 THS

输入：$G_t(V_t, E_t, A_t)$：一个时序属性网络；

　　　A^1：节点 v 的一跳邻居采样的数量；

　　　K：跳数；

　　　N：时序窗口尺寸；

　　　γ：衰减系数；

输出：$X[i]$，$i \in \{1, 2, \cdots, T\}$，其中每个 $X[i]$ 由网络中每个节点 v 的窗口大小为 N 的网络快照中的邻居集组成；

1　for $i \in \{1, 2, \cdots, T\}$ do

2　　　if $i - N \leqslant 0$ then

3　　　　　for $v \in V$ do

4　　　$X[i]$. add($\Gamma(v, K, 1, i)$)

算法 1：时间戳分层采样 THS

5	end
6	else
7	for $v \in V$ do
8	$X[i]$.add($\Gamma(v, K, i-N+1, i)$)
9	end
10	end
11	end

如图 7-1 所示，时序网络中有 14 个节点，本章针对当前快照 G_t 中的节点 1 提取前 2 个快照的特征。深色节点是节点 1 的 1 跳邻居，浅色节点是节点 1 的 2 跳邻居。如果本章设定 $A_t^1 = 7$，$K = 2$，$L = 2$ 且 $\gamma = 0.8$，那么对于快照 G_t，1 跳采样节点数量 A_t^1 为 7，2 跳采样节点数量 A_t^2 为 6。因此，采样节点的多重集为 {2, 4, 6, 7, 8, 10, 12, 3, 5, 9, 11, 13, 14}。对于快照 G_{t-1}，1 跳采样节点数量 A_{t-1}^1 为 6，2 跳采样节点数量 A_{t-1}^2 为 5，采样节点的多重集为 {3, 5, 6, 7, 8, 12, 2, 4, 9, 11, 13}，对于快照 G_{t-2}，1 跳采样节点数量 A_{t-2}^1 为 5，2 跳采样节点数量 A_{t-2}^2 为 4，采样节点的多重集为 {2, 5, 6, 7, 8, 3, 4, 9, 11}。然后本章将前 2 个快照的采样节点组合起来，作为快照 G_t 中节点 1 的最终特征：{2, 4, 6, 7, 8, 10, 12, 3, 5, 9, 11, 13, 14, 3, 5, 6, 7, 8, 12, 2, 4, 9, 11, 13, 2, 5, 6, 7, 8, 3, 4, 9, 11}。

7.2.2 神经网络模型

本章的神经网络模型由嵌入层和长短期记忆网络 LSTM 层组成，如图 7-2 所示。

1. 嵌入层

网络嵌入旨在将网络的时空属性映射到一个低维矩阵 $X \in \mathbf{R}^{D \times |V|}$ 中，其中每一列表示网络中一个节点的表示。在该模型中，本章采用图小波神经网络（graph wavelet neural network，GWNN）将节点 v 非线性地映射到其 D 维表示 $\boldsymbol{x}_v \in \mathbf{R}^D$。GWNN 基于图卷积神经网络架构，利用小波变换而非图卷积网络的傅里叶变换。它不需要对拉普拉斯矩阵进行特征分解，因此比传统的图卷积网络更高效。

GWNN 最初应用于静态网络，本章为每个快照设计了一个 m 层的 GWNN，用于时序网络嵌入的无监督节点学习。对于第 m 层 GWNN，每个 GWNN 层的输入是一个节点

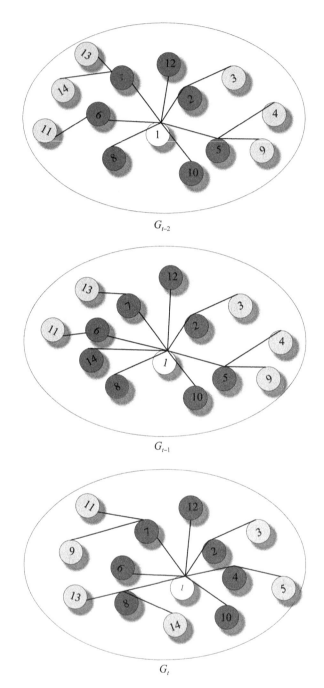

G_{t-2}

G_{t-1}

G_t

图 7-1　THS 算法：一个说明例子

特征矩阵 $\boldsymbol{X}^1$，维度为 $n \times p$，输出张量为 $\boldsymbol{X}^{m+1}$，维度为 $n \times c$。GWNN 的框架如图 7-3 所示，其中模型输入为 $\boldsymbol{X}^1$，输出为 $\boldsymbol{X}^{m+1}$，其中 $\boldsymbol{X}^m_{[:,\,i]}$ 和 $\boldsymbol{X}^{m+1}_{[:,\,i]}$ 分别是 $\boldsymbol{X}^1$ 和 $\boldsymbol{X}^{m+1}$ 的第

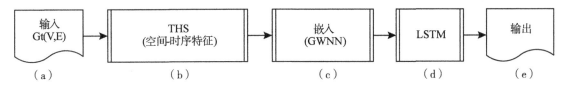

图 7-2　THS-GWNN 框架概述图

i 列(维度为 $n \times 1$)；本章通过下式训练模型并更新参数。本章针对每个快照的模型公式为

$$X^2_{[:,\,j]} = \mathrm{ReLU}\left(\boldsymbol{\psi}_s \sum_{i=1}^{p} \boldsymbol{F}^1_{i,\,j} \boldsymbol{\psi}^{-1} X^1_{[:,\,i]}\right),\ j = 1,\ 2,\ \cdots,\ q \tag{7-1}$$

$$\cdots\cdots$$

$$X^{m+1}_{[:,\,k]} = \mathrm{ReLU}\left(\boldsymbol{\psi}_s \sum_{i=1}^{q} \boldsymbol{F}^m_{i,\,j} \boldsymbol{\psi}^{-1} X^m_{[:,\,i]}\right),\ k = 1,\ 2,\ \cdots,\ c \tag{7-2}$$

其中，维度为 $n \times 1$ 的 $X^1_{[:,\,i]}$ 是 X^1 的第 i 列，ReLU 是一个非线性激活函数，$\boldsymbol{\psi}_s$ 是小波基，$\boldsymbol{\psi}^{-1}$ 是在规模 s 上的图小波变换矩阵，它将顶点域中的信号投影到频谱域，$\boldsymbol{F}^n_{i,\,j}$ 是在第 n 层频谱域中学习到的对角滤波器矩阵，c 是每个节点的嵌入维度，维度为 $n \times c$ 的 X^{m+1} 是网络的嵌入矩阵。本章为每个快照嵌入定义以下损失函数来训练模型：

$$\mathrm{Loss} = \frac{1}{n} \sum_{i=1}^{n} \left(X^{m+1}_{[:,\,i]} - \mathrm{Average}\left(\mathrm{Adj}\left(X^{m+1}_{[:,\,i]}\right)\right)\right)^2 \tag{7-3}$$

其中，n 是节点数量，$X^{m+1}_{[:,\,i]}$ 表示第 $m+1$ 层中节点 i 的向量表示，$\mathrm{Adj}\left(X^{m+1}_{[:,\,i]}\right)$ 获取 i 的邻域节点表示，Average 表示平均处理操作。

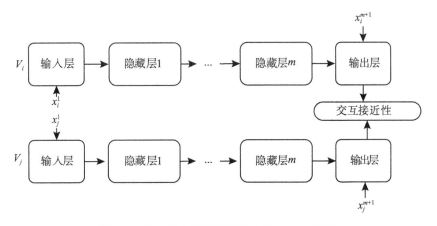

图 7-3　用于每个网络快照嵌入的 GWNN 模型

2. LSTM 层

长短期记忆网络 LSTMs 是一种改进的循环神经网络（recurrent neural network，RNNs）。为了解决 RNNs 无法处理长距离依赖的问题，提出了带有遗忘单元的 LSTMs，其目的是让记忆单元决定何时遗忘信息。下面定义的 LSTM 函数：

$$
\begin{cases}
f_t = \sigma(\boldsymbol{W}_f \cdot [\boldsymbol{h}_{t-1},\ \boldsymbol{x}_t] + b_f) \\
i_t = \sigma(\boldsymbol{W}_t \cdot [\boldsymbol{h}_{t-1},\ \boldsymbol{x}_t] + b_i) \\
\widetilde{\boldsymbol{C}}_t = \tanh(\boldsymbol{W}_C \cdot [\boldsymbol{h}_{t-1},\ \boldsymbol{x}_t] + b_C) \\
\boldsymbol{C}^t = f_t * \boldsymbol{C}_{t-1} + i^t * \widetilde{\boldsymbol{C}}_t \\
o_t = \sigma(\boldsymbol{W}_o \cdot [\boldsymbol{h}_{t-1},\ \boldsymbol{x}_t] + b_o) \\
\boldsymbol{h}_t = o_t * \tanh(\boldsymbol{C}_t)
\end{cases}
\tag{7-4}
$$

对于 LSTM，计算过程可被视为一个黑箱。当前的 $\boldsymbol{x}_t$、先前的隐藏状态 $\boldsymbol{h}_{t-1}$ 和单元状态 $\boldsymbol{C}_{t-1}$ 被输入到 LSTM 中，它们合并这三个输入并计算当前的隐藏状态 $\boldsymbol{h}_t$ 和新的单元状态 $\boldsymbol{C}_t$。这种机制能有效地为每个节点保存历史信息。

本章采用 LSTM 来预测新的链路。模型的输入是 $\{\boldsymbol{Z}_1,\ \boldsymbol{Z}_2,\ \cdots,\ \boldsymbol{Z}_T\}$，其中每个 $t \in \{1,\ 2,\ \cdots,\ T\}$ 对应的 $\boldsymbol{Z}_t$ 表示在 t 时刻快照处 GWNN 的输出。本章首先使用 $\{\boldsymbol{Z}_1,\ \boldsymbol{Z}_2,\ \cdots,\ \boldsymbol{Z}_{T-1}\}$ 作为训练样本，并使用 $\boldsymbol{Z}_T$ 进行标记。模型输出为 $\hat{\boldsymbol{Z}}_T$，LSTM 训练框架概述如图 7-4 所示。本章使用平方损失函数作为目标函数来训练图 7-4 的模型。训练后，本章将窗口向未来移动一步以获得最后一个快照中每个节点的向量表示。然后本章训练一个下游支持向量机分类器来评估链路预测。

$$
\mathrm{Loss} = (\hat{\boldsymbol{Z}}_T - \boldsymbol{Z}_T)^2
\tag{7-5}
$$

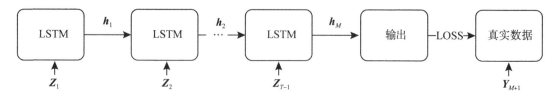

图 7-4　LSTM 的训练框架

7.3　实　　验

本节将介绍用于验证 THS-GWNN 在时序网络链路预测中具有有效性的数据集和基

准模型。

7.3.1　数据集

本章在 KONECT 项目中选择了 4 个社交时序网络，其中包括 2 个无向时序网络（facebook friendships，FF 和 Hep-Ph）以及 2 个有向网络（Digg 和 Facebook Wall Posts，FWP）。它们的统计特性如表 7-2 所示。

表 7-2　　　　　　　　　　　　　　　　　　数据集的统计数据

网络名称	节点数量	链路数量	聚簇系数	格式
FF	63 731	817 035	14.8%	间接
Hep-Ph	28 093	4 596 803	28.0%	间接
Digg	30 398	87 627	0.56%	直接
FWP	46 952	876 993	8.51%	直接

Facebook friendship 关系数据集包含脸书用户的好友数据。节点代表用户，边是两个用户之间的好友关系。该数据集并不完整，仅包含整个 Facebook friendship 网络中非常小的一个子集。在本章的实验中，本章按年份对其进行划分，并将它们标记为 F_1 到 F_5。

arXiv hep-ph 数据集是科学论文作者的合作网络。节点表示作者，边表示共同发表的论文。时间戳表示论文的发表日期。该数据集包含 12 年（1991—2002 年）的数据。本章选择其中 5 年（1995—1999 年）的数据，并将它们标记为 A_1 到 A_5，每个快照包含一年的网络结构用于本章的实验。

Digg 数据集是社交新闻网站 Digg 的回复网络。节点代表用户，边代表一个用户回复另一个用户。该数据集包含 16 天的记录，本章按天对其进行划分。本章按天将其均匀合并为 5 个快照，并将其标记为 D_1 到 D_5。

Facebook wall posts 数据集是脸书上用户到其他用户墙贴的一个小子集。节点代表脸书用户，每条边代表一个墙贴。该数据集包含 6 年（2004—2009 年）的数据。

在实验中，本章将 2004 年和 2005 年的数据合并为一个网络快照，并将其定义为 W_1。其余数据按年份定义为 W_2 到 W_5，每个快照包含一年的网络结构。

在本章对上述数据集进行的实验中，最后一个快照被用作网络推断的真实数据，其他快照用于训练模型。

7.3.2　评估度量和对比模型

本章采用曲线下面积 AUC 来评估不同方法的性能。AUC 与分类器的灵敏度(真正率)和特异性(真负率)相关,且该指标严格限制在 0 到 1 之间。AUC 越大,模型性能越好。本章将 THS-GWNN 与以下三种对比模型进行比较:

STEP:STEP 同时考虑空间和时间特征,利用联合矩阵分解算法同时学习空间和时间约束,以建模网络演化。

T-GCN:T-GCN 结合图卷积网络捕获空间依赖性,以及门控递归单元捕获时序依赖性。

NetWalk:NetWalk 模型通过团体嵌入动态更新网络表示,侧重于异常检测,本章采用其表示向量进行链路预测。

参数设置: 在最后的快照中,链路通常非常稀疏。因此,本章随机生成的非连接边数量小于已连接边数量的两倍,以确保评估过程中的数据平衡。嵌入向量的维度设置为 Hep-Ph(28 093 个节点)和 Digg(30 398 个节点)为 256 维,而 Facebook wall posts 数据集(46 952 个节点)和 Facebook friendships(63 731 个节点)为 512 维。如果增加或减少维度,性能保持不变或甚至变差。对于不同数据集,对比模型的参数进行了优化调整。BCGD 方法仅适用于无向网络;对于有向网络,本章通过 $(A^T + A)/2$ 将有向网络的邻接矩阵转换为无向网络。其他设置包括:模型的学习率设置为 0.0001;K 的跳数设置为 3;时间窗口 L 设置为 3;GWNN 的层数 m 设置为 5;第 1 层采样的邻居数量 A_i^1 设置为 500;衰减系数设置为 0.8。本章的实验结果进行了五次独立实验,并报告了每个数据集的平均 AUC 值。

7.3.3　实验结果

在实验中,本章比较了 3 种对比模型在 4 个时序网络中的链路预测性能。本章首先在每个快照中将每个顶点嵌入为向量。对于每个数据集,本章按时间戳划分,最后一个快照被用作网络推断的真实值,之前的快照用于训练 THS-GWNN 模型。训练后,本章将窗口向前移动一步,以获得最后快照中每个节点的向量表示。最后,本章使用获得的表示来预测网络结构。

表 7-3 比较了 4 个数据集上的 AUC 值。与对比模型相比,本章的方法 THS-GWNN 取得了最佳性能。THS-GWNN 采用 THS 算法对每个节点 v 进行采样 $\Gamma(v, K, t_{Sta}, t_{End})$,能够更好地捕捉每个节点的空间和时间特征。该方法结合了衰减系数 γ,将更

多采样的节点分配给较少的跳数和更近的快照，从而更好地保留时序网络的演变行为。THS-GWNN 还采用 GWNN 来嵌入节点的时空特征，由于其为深度模型，能够更好地捕捉非线性网络属性，因此，它相较于上述对比模型具有优势。

表 7-3　　　　　　　　　　　　**4 个数据集的结果预测(AUC 的值)**

模型名称	Hep-Ph	Digg	FWP	FF
STEP	0.61	0.74	0.76	0.57
NetWalk	0.69	0.71	0.74	0.70
TGCN	0.70	0.75	0.72	0.71
THS-GWNN	**0.74**	**0.82**	**0.78**	**0.73**

7.3.4　消融研究

本章对 arXiv hep-ph 数据集和 Digg 数据集进行了消融研究。

(1)本章用 GCN(THS-GCN)单元替换 GWNN 单元，以验证 THS-GWNN 模型的性能。实验结果表明，THS-GWNN 在 Digg 数据集上的平均 AUC 值比 THS-GCN 高出 3%，在 arXiv hep-ph 数据集上高出 2%。

(2)本章用 PinSage(PinSage-GWNN)采样策略替换 THS 采样算法，以验证 THS-GWNN 模型的性能。该采样策略使用短随机游走采样 K 跳邻居节点作为特征。实验结果显示，THS-GWNN 在 Digg 数据集上的平均 AUC 值比 PinSage-GWNN 高出 5%，在 arXiv hep-ph 数据集上高出 4%。原因可能是 PinSage 采样策略仅提取了网络的空间特征，而没有考虑时序特征。

7.3.5　参数敏感性分析

本节进行了参数敏感性分析，结果如图 7-5 所示。具体而言，本节评估了不同层数 K 和时间窗口 L 对链路预测结果的影响。

层数 K：本节将每个快照的层数从 1 变更到 5，以验证该参数的有效性。当验证该参数时，其他参数保持默认值。从图 7-5(a)可以看出，随着 K 从 1 增加到 3，性能持续提高。原因可能是当前节点的 K 跳邻居越多，越能表示当前节点。最佳结果出现在 $K=3$，此后随着 K 持续增加性能略有下降或保持不变，原因可能是距离当前节点越远，关于当前节点的信息越少。

时间窗口大小 L：由于 Digg 数据集包含 16 天的记录，如果按天划分，将生成 16 个快照。它的快照数量比其他数据集多，因此本节选择 Digg 数据集对参数 L 进行敏感性分析。本节将窗口大小从 1 变更到 7 以验证该参数的有效性。当验证该参数时，其他参数保持默认值。从图 7-5(b) 可以看出，随着 L 从 1 增加到 3，性能持续提高。原因可能是越接近当前快照的快照，关于当前快照的信息越多。最佳结果出现在 $L = 3$，随后当 L 持续增加时，准确率不再提高。

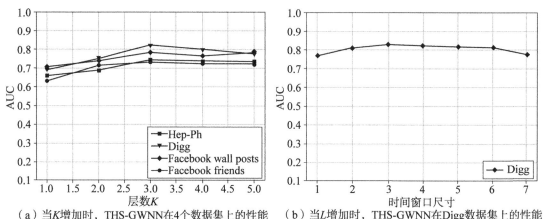

（a）当 K 增加时，THS-GWNN 在4个数据集上的性能　　（b）当 L 增加时，THS-GWNN 在 Digg 数据集上的性能

图 7-5　参数敏感性实验

✍ 本章小结

本章提出了一种有效的框架 THS-GWNN，用于时序网络中的链路预测，能够捕捉网络的空间和时间演化特征。特别地，本章提出了 THS 算法，在每个快照中提取空间和时间特征以建模网络演化。该算法结合了衰减系数 γ，将更多采样的节点分配给较少的跳数和更近的快照，从而更好地保留时序网络的演变行为。本章接着采用图小波神经网络将时空特征嵌入为向量，从而更好地捕捉非线性网络属性。在链路预测阶段，本节使用长短期记忆网络捕捉网络快照之间的时序依赖性。实验结果证明了本章 THS-GWNN 模型的有效性，相较于对比模型取得了显著提升。

本章未来的工作将研究合并中心性(例如度中心性)和拓扑信息，以改善时序网络的特征采样策略，并研究模型在各种任务上的迁移性。此外，本章还将研究如何聚合其他类型的特征，并通过更全面的实验，更加关注时间和空间复杂性。

第 8 章　基于分层注意力的异构时序网络嵌入方法

近年来，将网络中的节点或边嵌入低维向量的网络嵌入技术越来越受到研究者的关注。这类网络嵌入技术已被证明在链路预测和节点分类中非常有效。然而，许多现实世界中的网络总是异构的，包括各种类型的节点和边（关系）。例如，图 8-1 表示了互联网电影数据库（internet movie database，IMDB），它包括三种节点类型：导演、电影和演员，以及多种关系类型。共同导演关系可以描述为电影-导演-电影，而共同演员关系可以描述为电影-演员-电影。此外，节点和边在现实世界中不是静态的，而是不断演变的，被定义为异构时序网络。例如，随着时间的推移，可以得到图 8-2 所示的异构时序网络，它表示了随时序演变的异构网络生成的一个快照序列。每个快照表示网络在特定时间戳的静态拓扑结构。直观上，异构和时序信息的优点对于表示网络的丰富语义关系非常有价值。因此，异构时序网络嵌入成为一个迫切需要探索的问题。它可以应用于多种网络分析任务，如分类、网络重建、社区检测和推荐系统。具体来说，它可以用来预测交通网络中的交通流量、学术网络中的共同作者关系、电子商务网络中的购买行为、生物网络中的药物-靶点相互作用。

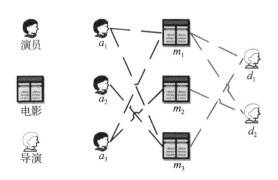

图 8-1　互联网电影数据库图例

近年来，一些异构网络嵌入方法已经被提出且用于不同的网络分析任务。通常，各种网络分析任务依赖于自动化特征工程任务来生成特征向量，如 Metapath2vec、

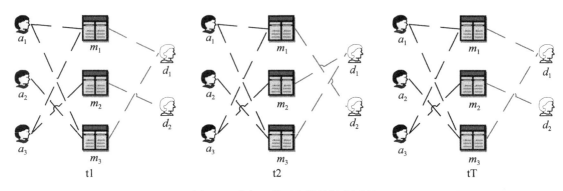

图 8-2 时序互联网电影数据库图例

HAN 和 HetGNN。Metapath2vec 使用基于元路径的随机游走来采样异构邻域，然后使用跳词模型嵌入节点向量。HAN 使用基于元路径的邻居采样异构邻域，然后使用一种新的异构图注意力网络实现嵌入。HetGNN 提出了一种具有重启功能的随机游走方法来收集异构邻居，然后设计了一个神经网络来聚合特征。DyHAN 根据边类型将网络分成不同的子图，即子图中的节点是给定节点 v 的采样邻居。DyHNE 使用基于元路径的多阶关系捕获异构网络的结构和语义。HoMo-DyHNE 设计了一个独立于元结构的随机游走算法，以学习异构网络中的高阶依赖性和动态模式。社交科学理论表明，与过去遥远的异构邻居相比，与当前节点最近进行过互动的异构邻居对当前节点更为重要。例如，图 8-3 显示了一个新闻推荐网络，包括两种类型的节点：用户和新闻。用户 2 在 $T-t+15$ 时查看新闻 1，在 $T-t+1$ 时查看新闻 2，而用户 1 在 $T-t+1$ 时查看新闻 1，用户 3 在 $T-t+2$ 时查看新闻 2。与新闻 1 相比，用户 2 对新闻 2 更感兴趣，因为用户 2 在最近过去查看过新闻 2。然而，上述方法在捕获节点的异构邻居时，并没有考虑节点的异构邻居的时序近因，这无法充分显示网络语义的关系。

在现实生活中，异构时序网络通常是稀疏且庞大的。此外，它们包括各种类型的边和节点，并且这些边和节点随时间变化。（此处具有挑战性的问题是如何在考虑异构性和时序信息的情况下捕获稀疏网络数据的网络结构，这对于节点精准嵌入至关重要。）异构性指的是网络由不同类型的边和节点组成。时序信息指的是网络通常会随时间演变。在现实世界中，网络中的节点总是在特定时间戳进行交互，学习节点的历史交互行为有助于节点嵌入，并且可以提高各种网络应用的性能。异构图神经网络（heterogeneous graph neural network，hetGNN）已显示出处理异构图数据的复杂结构信息的优越性能。HetGNN 开发了一个神经网络模型来学习异构特征信息。HCDBG 提出了一个用于社区检测的异构图神经网络。HOAE 利用节点属性增强设计了一个更高阶的异构图神经网络。然而，异构网络中不同类型的邻居对目标节点嵌入的贡献各不相同。

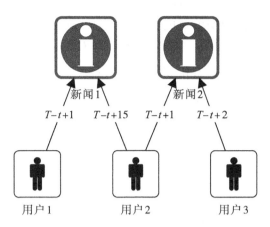

图 8-3　一个说明性的图例

例如，图 8-4 展示了一个目标用户的电子商务网络，包括用户和物品节点，用户与物品节点之间的实线描述了用户-物品交互的权重。从图 8-4（b）可以看出，不同的物品节点为目标用户的用户-物品交互关系作出了不同的贡献。同样地，如图 8-4（c）所示，目标用户的用户-用户交互关系也由不同的用户节点作出了不同的贡献。直观上，异构网络中不同类型的邻居对目标节点嵌入的贡献各不相同。大多数现有方法忽略了各种异构邻居节点的不同重要性。尽管 HAN 设计了一个考虑异构邻居重要性的神经网络模型，但它是一个静态模型，无法学习网络的演变特征。如何识别不同异构邻居节点和时序信息的影响是值得考虑的异构时序网络嵌入问题。

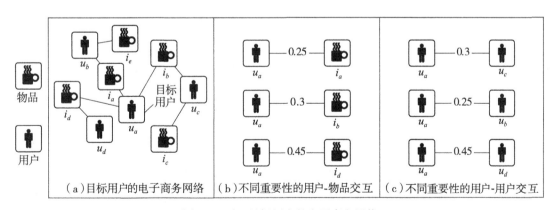

图 8-4　对于目标用户的电子商务网络

为了应对确定的两个挑战，本章提出了一种新的名为基于分层注意力的异构时序网络嵌入模型（hierarchical attention-based heterogeneous temporal network embedding，

117

TemporalHAN)。特别地，本章首先使用一种新的随机游走算法（novel random walk algorithm，NRWA）对每个快照中节点的强异构邻居的不同类型进行采样，并按节点类型进行分组。此外，该算法使用一个衰减系数 δ 确保距离当前快照越近的快照分配更多的随机游走步骤，从而提取最有价值的节点特征。因此，该算法在捕获其异构邻居时考虑了节点的异构邻居的时序相近性，可以有效地学习异构时序网络的演变信息。接下来，本章提出了一个利用层次注意力机制的新型异构网络嵌入模型，该机制包括节点级和语义级注意力，并能够捕获不同层次聚合的重要性。整体架构如图 8-5 所示。节点级注意力可以识别特定节点类型的节点和特定节点类型的随机游走邻居之间的重要性。同时，语义级注意力可以识别该节点的不同节点类型的重要性。最后，本章利用时序卷积网络（temporal convolutional network，TCN）来学习快照之间的时序依赖性。

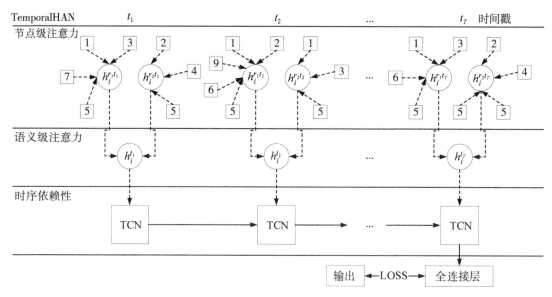

图 8-5　TemporalHAN 的结构图

本章引入了一种基于层次注意力使用 TCN（TemporalHAN）的异构时序神经网络嵌入方法，用于学习异构时序网络中的节点嵌入，该方法包含节点级和语义级注意力。TemporalHAN 能够同时识别特定节点类型和多节点类型的随机游走异构邻居的重要性。本章还提出了一种新的随机游走算法，用于为每个快照中不同类型的节点采样强连接的异构邻居，并按节点类型进行分组。此外，该算法使用一个衰减系数确保更近的快照分配更多的随机游走步骤，可以有效地学习异构时序网络的演变信息。

8.1 问 题 定 义

定义 8.1（异构时序网络）：异构时序网络可以定义为：$G_t = (V, E_t, \varphi_1, \varphi_2)$，其中 $V = \{v_1, v_2, \cdots, v_n\}$ 描述一组节点，$E_t \subseteq V \times V$ 表示时间戳 t 中节点之间的一个边（关系）的集合，n 是节点数量，$t \in \{1, 2, \cdots, T\}$ 定义时间戳。它与一个节点类型映射函数相关联：$\varphi_1: V \to A$，和一个边类型映射函数 $\varphi_2: E_t \to R$。R 和 A 表示所有边和节点类型的集合，其中 $|A| + |R| > 2$。每个边 $e \in E_t$ 属于一个特定的边类型，而每个节点 $v \in V$ 属于一个特定的节点类型。

定义 8.2（异构时序网络嵌入）：一个异构时序网络 $G_t = (V, E_t, \varphi_1, \varphi_2)$ 可以按时间戳 t 分割成一个快照序列 $\{G_1, G_2, \cdots, G_T\}$。对于每个快照，本章旨在学习一个映射函数 $f': v_i \to \mathbf{R}^k$，其中 $v_i \in V$，k 表示维度，且 $k \ll |V|$。该函数 f' 旨在保持给定时序网络从时间戳 1 到 t 的拓扑结构、节点属性和演化模式上 v_i 与 v_j 之间的节点相似性。

8.2 模 型

在本节中，本章将介绍一个基于分层注意力使用时序卷积网络（TCN）的新型时序网络嵌入框架（TemporalHAN），用于异构时序网络嵌入。本章首先提出一个随机游走过程，为每个不同类型的节点采样其连接的异构邻居，并按节点类型进行分组。然后，本章引入一个基于 TCN 的新型异构网络嵌入架构，该架构包含节点级和语义级注意力层，能够识别不同层次聚合中的重要性。

8.2.1 采样异构邻居

通常，各种网络分析任务依赖源自自动化特征设计任务的特征向量。然而，现有方法在捕获节点的异构邻居时并未考虑异构邻居的时序近期性，无法充分揭示网络语义关系。此外，随机游走算法可以有效捕获网络的高阶关系，并在许多网络分析任务中广泛使用，其卓越性能已得到验证。因此，本章引入了一个新的随机游走算法（NRWA），以收集强相关的异构邻居，表 8-2 列出了算法 1。

算法 1 中有 4 个参数：γ：定义节点类型的数量，δ：衰减系数确保更近期的快照分配更多的随机游走步骤。L 定义了随机游走的路线长度，R 定义了随机游走路径的数量。$X[i]$ 定义了当前快照 i 的网络中每个节点收集的邻居集合，$N(v)$ 定义了 v 的邻居集，x^v 定义了当前快照 i 中的节点 v 收集的邻居集。算法利用第一层循环遍历所有快照。如果选定的快照不是当前快照 i，则 $L = \psi(\delta * L)$，其中 ψ 表示向上取整，以确保更近期的快照分配更多的随机游走步骤。然后算法利用第二层循环遍历每个快照的每个节点 v。第三层和第四层循环使用随机游走采样算法为每个快照的每个 v 采样异构邻居。

算法 1 具有以下优点：它收集所有邻居的类型，并可以为每个节点提取各种类型节点的特征。对于每个节点类型，算法确保更近期的快照分配更多的随机游走步骤，以确保提取最有用的节点特征。该算法根据节点类型对节点进行分组，以确保是基于类型的聚合，从而有效学习异构时序网络的演变信息。

表 8-2　　　　　　　　　　　　　　　　算　法　1

算法 1：NRWA

输入：$\{G_1, G_2, \cdots, G_T\}$：一个异构时序网络快照序列；

γ：节点类型；

δ：衰减系数；

R：采样路径的数量；

L：采样路径的长度；

输出：$X[i]$，包含每个当前快照 i 中的每个节点 v 收集到的集合；

1　for $i \in \{T, \cdots, 1\}$ do

2　　　选择一个快照 $G_i\{V, E_i\}$；

3　　　if $i! = T$ then

4　　　　$L = \psi(\delta * L)$；

5　　　end

6　　　for $v \in V$ do

7　　　　for $m \in R$ do

8　　　　　$v_{m, 1} = v$；

9　　　　　for $n \in L$ do

10　　　　　　随机挑出一个在 $N(v_{m, n})$ 的节点 $v_{m, n+1}$；

11　　　　　　向 x^v 中添加节点 $v_{m, n+1}$；

12　　　　　end

13　　　　end

14　　　end

15 end

16 按照节点类型 γ 对 x^v 进行分组；

17 $X[i].\ \mathrm{add}(x^v)$；

时间复杂度分析：让 T 定义快照的数量，L 定义随机游走的路线长度，R 定义随机游走的数量，$|V|$ 定义节点的数量。NRWA 算法为时序网络中每个快照的每个节点 v 生成一个样本集合 $X[i]$（$i \in \{1, 2, \cdots, T\}$），其时间复杂度为 $O(T \cdot R \cdot L \cdot |V|)$。因为 T、R、L 和 $|V|$ 可以被视为常数，本章的算法具有线性时间复杂度。因此，所提出的采样算法可以应用于大规模网络。

8.2.2　层次注意力

本节介绍了一种基于层次注意力的新型异构神经网络嵌入架构，该架构使用 TCN，且包括节点级和语义级注意力，并且能够捕获不同层级聚合中的重要性。

1. 节点级注意力

本章利用一种新的随机游走算法为每个不同类型的节点收集强连接的异构邻居，并按节点类型进行分组。可以注意到的是，每个节点的特定节点类型的随机游走邻居在学习节点嵌入时显示出不同的贡献。因此，本章采用了自注意力来聚合每个节点的节点嵌入，提出节点级注意力来识别每个节点的特定节点类型的随机游走邻居的重要性。节点 (i, j) 在时间戳 t 中对节点类型 γ 的重要性可以通过下式表示：

$$a_{ij}^{\gamma t} = \frac{\exp(\sigma(\boldsymbol{a}_\gamma^{\mathrm{T}}[\boldsymbol{W}_{nl}^\gamma \boldsymbol{x}_i \parallel \boldsymbol{W}_{nl}^\gamma \boldsymbol{x}_j]))}{\sum\limits_{\omega \in N_i^{\gamma t}} \exp(\sigma(\boldsymbol{a}_\gamma^{\mathrm{T}}[\boldsymbol{W}_{nl}^\gamma \boldsymbol{x}_i \parallel \boldsymbol{W}_{nl}^\gamma \boldsymbol{x}_\omega]))} \tag{8-1}$$

其中，σ 表示非线性激活函数，$N_i^{\gamma t}$ 表示节点 i 在时间戳 t 中节点类型 γ 的随机游走邻居，$\boldsymbol{x}_i$ 和 $\boldsymbol{x}_j$ 分别表示节点 i 和 j 的输入表示向量，$\boldsymbol{W}_{nl}^\gamma$ 是线性转换矩阵，"$\parallel$"表示连接操作符，a 是节点类型 γ 的注意力函数的权重向量参数，$a_{ij}^{\gamma t}$ 是基于 softmax 函数在特定节点类型方面的随机游走邻域上的重要性系数，用于揭示节点 i 在当前快照 t 中对节点 j 的重要性。然后节点 i 在时间戳 t 中的节点类型 γ 的嵌入可以通过下式表示：

$$\boldsymbol{h}_i^{\gamma t} = \sigma\left(\sum_{k \in N_i^{\gamma t}} a_{ij}^{\gamma t} \boldsymbol{W}_{nl}^\gamma \boldsymbol{x}_k\right) \tag{8-2}$$

其中，$\boldsymbol{h}_i^{\gamma t}$ 表示得到的节点 i 对快照 t 中节点类型的嵌入。为了训练更稳定，本章对节点级注意力采用多头关注，如下式所示：

$$\boldsymbol{h}_i^{\gamma t} = \parallel_{k=1}^K \sigma\left(\sum_{k \in N_i^{\gamma t}} a_{ij}^{\gamma t} \boldsymbol{W}_{nl}^\gamma \boldsymbol{x}_k\right) \tag{8-3}$$

2. 语义级注意力

节点特定类型嵌入表示异构网络中的一个语义类型或关系类型。因此，本章利用另一层注意力来自动识别不同节点类型（即不同的语义类型）的重要性。本章通过多层感知器(MLP)转换特定的节点类型的嵌入，以学习每个节点类型的重要性，可以通过下式获得：

$$b_i^{\gamma t} = \frac{\exp(\boldsymbol{q}^{\mathrm{T}} \cdot \sigma([\boldsymbol{W}_{em}\boldsymbol{h}_i^{\gamma t} + \boldsymbol{b}_{em}]))}{\displaystyle\sum_{m=1}^{R} \exp(\boldsymbol{q}^{\mathrm{T}} \cdot \sigma([\boldsymbol{W}_{em}\boldsymbol{h}_i^{mt} + \boldsymbol{b}_{em}]))} \tag{8-4}$$

其中，σ 是非线性激活函数，$\boldsymbol{q}^{\mathrm{T}}$ 是节点级注意力向量。R 表示节点类型或语义类型的数量，$\boldsymbol{W}_{em}$ 和 $\boldsymbol{b}_{em}$ 是 MLP 的参数。通过这种方式，$b_i^{\gamma t}$ 可以学习在不同语义类型 R 下的语义类型 γ 的重要性。本章将这些特定节点类型的嵌入与学习到的权重结合起来，通过下式获得最终嵌入 $\boldsymbol{h}_i^t$：

$$\boldsymbol{h}_i^t = \sum_{r=1}^{R} b_i^{\gamma t}\boldsymbol{h}_i^{\gamma t} \tag{8-5}$$

对于每个快照中每个节点的最终嵌入，本章采用 TCN 来捕获快照之间的时序依赖性，可以通过下式构建：

$$F(s) = \sum_{i=0}^{T-1} \boldsymbol{f}(i) \cdot \boldsymbol{h}_{(s-d)\cdot i} \tag{8-6}$$

其中，T 表示过滤器大小，d 表示扩展系数，$\boldsymbol{f}(i)$ 表示一个过滤器 f: $\{0, 1, \cdots, k-1\} \to R$，$\boldsymbol{h}_{(s-d)\cdot i}$ 表示一系列输入，$(s-d)\cdot i$ 表示过去的方向。最终表示然后通过残差连接与输入 x_i 获得。通过这种方式，它可以有效地扩展接受域并学习快照之间的时序依赖性。最后，本章使用下式中的二元交叉熵损失函数来学习节点嵌入：

$$L = \sum_{t=1}^{T} \sum_{v \in V} \left(\sum_{u \in N_v} -\log(\sigma(\boldsymbol{y}_v^t \cdot \boldsymbol{y}_u^t)) - \boldsymbol{W}_{\mathrm{neg}} \cdot \sum_{g \in \sim N_v} \log(1 - \sigma(\boldsymbol{y}_v^t \cdot \boldsymbol{y}_g^t)) \right) \tag{8-7}$$

其中 N_v 定义了节点 v 在快照 t 时的随机游走邻居集合，$\sim N_v$ 定义负采样分布，$\boldsymbol{W}_{\mathrm{neg}}$ 定义负采样参数，σ 是 sigmoid 函数，"·"是内积。

8.3　实　　验

本节进行了广泛的实验来展示本章的 TemporalHAN 架构在异构时序网络上的性能。

8.3.1　层次注意力

数据集:① 这两个数据集被研究人员广泛用作基准数据集，因此本章选择它们来

---

① 本章采用 Yelp 社交媒体网络和两个学术网络 AMiner 和 DBLP，来验证的 TemporalHAN 的有效性。

验证和评估 TemporalHAN 模型。两个数据集的详细信息如表 8-3 所示。

Yelp：包含 4 种节点类型，即评论（R），星级（S），用户（U）和商家（B），每个商家都被标记为与餐厅相关的 3 个子类别其中一个。

AMiner：同样具有 4 种节点类型，即术语（T），论文（P），会议（C）和作者（A）。每位作者都标有 5 个研究领域之一，表示作者出版物的类别，这些领域从 1990 年发展到 2005 年。

DBLP：它也是一个学术网络数据集，每位作者也被标记了他们的研究领域，例如机器学习。与 AMiner 数据集一样，本章也对 APA、APCAP 和 APTPA 感兴趣。

表 8-3　　　　　　　　　　　　　　　统 计 信 息

数据集	节点数量	节点类型	元路径	快照数量
AMiner	8 811	术语（T）	APA	10
	18 181	论文（P）	APCPA	
	22	会议（C）	APTPA	
	22 942	作者（A）		
（DBLP）	8 833	术语（T）	APA	10
	14 376	论文（P）	APCPA	
	20	会议（C）	APTPA	
	14 475	作者（A）		
Yelp	33 360	评论（R）	BRURB	10
	1 286	用户（U）	BSB	
	2 614	商家（B）		
	9	星级（S）		

对比模型：本章将 TemporalHAN 模型与不同类型的网络嵌入方法进行比较。具体来说，本章采用了一种静态异构网络方法，两种同构时序网络方法，两种异构时序网络方法，以及一种基于知识图谱的自监督学习方法来验证本章的模型。

Metapath2vec：它使用基于元路径的随机游走采样异构邻居，并使用跳词模型嵌入节点向量。

DANE：它自动扩展深度神经网络以学习节点的高度非线性。

DHPE：它保持高阶的相近性来学习节点嵌入。

DHNE：它构建了一个全面的历史-当前网络来学习时序异构网络中的节点表示。

DyHNE：它使用基于元路径的多阶关系捕捉异构网络的结构和语义。

MRCGNN：它提出了一种多关系对比学习的 GCN，将其用于链路预测。

评估指标：对于关系预测实验，采用曲线下面积（area under the curve，AUC）的值和 F1 的值来评估模型。对于节点分类实验，采用 Macro-F1 的值和 Micro-F1 的值来评估模型。F1 的值通常用于评估二元分类问题的性能，可以通过式（8-8）获得，其中精确度值和召回率值可以通过式（8-9）获得：

$$F1 = \frac{2 * Precision * Recall}{Precision + Recall} \tag{8-8}$$

$$Precision = \frac{TP}{TP + FP}$$
$$Recall = \frac{TP}{TP + FN} \tag{8-9}$$

其中，TP 定义为真正例，FP 定义为假正例，TN 定义为真负例，FN 定义为假负例。对于多分类问题，通常使用 Macro-F1 值和 Micro-F1 值来评估模型性能，其值可以通过下式获得：

$$Micro\text{-}F1 = \frac{2 * micro\_Precision * micro\_Recall}{micro\_Precision + micro\_Recall}$$
$$Macro\text{-}F1 = \frac{2 * macro\_Precision * macro\_Recall}{macro\_Precision + macro\_Recall} \tag{8-10}$$

其中，micro_Precision 和 micro_Recall 可以分别通过计算与样本对应的精确率和召回率的平均值获得。macro_Precision 和 macro_Recall 可以分别通过计算每个样本的平均精确率值和平均召回率值获得。另一个评估指标 AUC 定义了接收操作曲线下的面积，这与分类器的灵敏度（真正例率）和特异性（真负例率）有关。这个指标严格限制在 0 到 1之间。AUC 越大，模型的性能越好。它也通常用于评估二元分类问题的性能。

参数设置：所有数据集的输出维度设置为 64，衰减系数 δ 设置为 0.8；由于不同数据集展现最佳性能时 L 和 R 的值不同，本章为 AMiner 数据集设置 L 为 800 和 R 为 20；对于 Yelp 数据集，L 设置为 80，R 设置为 20。本章执行了 10 次实验，并报告了两项任务中所展现的平均性能。

8.3.2　实验结果

本章通过与对比模型作比较，评估了 TemporalHAN 的性能。特别地，给定一个异构时序网络的 10 个快照 $\{G_1, G_2, \cdots, G_T\}$，本章报告了静态网络嵌入方法（即 Metapath2vec 和 MRCGNN）在快照 G_1 上的性能，并从 G_1 更新嵌入 G_{10}，并报告了时序网络嵌入方法（即 DHPE、DANE、DHNE、DyHNE 和 TemporalHAN）在最后一个快照上的性能。

1. 节点分类

本章展示了 TemporalHAN 在两个数据集上进行节点分类的性能。(该任务旨在预测无标签节点的类别,可以有效评估嵌入向量的性能。)对于 Yelp 数据集,在每个时间戳上随机添加新的 BR 和 UR 的 10% 到原始网络。对于 AMiner 数据集,本章按出版年份将边分成 10 个时间戳。

在表 8-4 中,TemporalHAN 在两个数据集上总是比对比模型表现得更好,这显示了 TemporalHAN 生成的嵌入向量的有效性。特别的是,由于 DANE 和 DHPE 忽略了各种类型的节点和边,它们的性能较差。DHNE 和 DyHNE 考虑了各种类型的节点和关系来学习节点嵌入,然而,它们在捕获节点的异构邻居信息时,未能充分考虑到这些邻居的时序近期性。相比之下,TemporalHAN 模型则充分考虑了这一因素,因此在所有数据集上的表现都更为出色。本质上,本章利用一种新的随机游走算法为每个快照中的每个节点采样强连接的异构邻居,并按节点类型进行分组。此外,该算法确保了更近的快照分配更多的随机游走步骤,以确保提取最有用的节点特征。然后,本章将节点级和语义级注意力引入异构图神经网络,以识别节点之间不同层次的重要性。因此,TemporalHAN 表现出最佳性能。

表 8-4   节点分类性能

模型	Yelp		AMiner	
	Macro-F1	Micro-F1	Macro-F1	Micro-F1
MetaPath2vec	0.629	0.672	0.876	0.873
DHPE	0.562	0.603	0.785	0.770
DANE	0.647	0.696	0.779	0.786
DHNE	0.653	0.693	0.918	0.913
DyHNE	0.689	0.730	0.921	0.920
MRCGNN	0.802	0.818	0.908	0.919
TemporalHAN	**0.869**	**0.885**	**0.950**	**0.958**

2. 关系预测

本章展示了 TemporalHAN 在关系预测方面的性能,该任务旨在预测时序异构网络中不同类型节点间目标关系的存在。对于上述 3 个数据集,本章从 2 个数据集中构建、扩大和测试(原始的)数据集。首先,对于 Yelp 数据集,本章构建保留 20%BR 的测试网络,并在(原始的)网络中随机添加 10%的新 UR 和 BR,以在每个时间戳生成不断扩大的网络。本章对 DBLP 数据集使用了类似的手法。对于 AMiner 数据集,本章按出版年份划分、扩大和测试(原始的)网络。

在表 8-5 中,在所有数据集上,本章的 TemporalHAN 模型关系预测的性能在不断增强。DANE 和 DHPE 因忽视了各种类型的节点和关系而表现不佳。本章提出的模型比 DHNE 和 DyHNE 表现更好,这得益于层次注意力。MRCGNN 采用了最近流行的自监督范式来学习节点嵌入。实验结果表明,本章的模型在关系预测方面仍然可以胜过MRCGNN。TemporalHAN 能够同时考虑特定节点类型和多个节点类型的随机游走异构邻居的重要性。此外,本章提出了一种新的随机游走算法,为不同类型的每个节点采样强连接的异构邻居,并按节点类型进行分组。此外,该算法利用衰减系数 δ 来确保与当前快照越接近的最近快照将分配更多的随机游走步骤,这可以提取最有价值的节点特征。最后,本章利用时序卷积网络(TCN)来构建模型,捕获网络快照之间的时序依赖性。因此,TemporalHAN 表现出最佳性能。

表 8-5　　　　　　　　　　　　　关系预测结果

模型	Yelp		AMiner		DBLP	
	AUC	F1	AUC	F1	AUC	F1
MetaPath2vec	0.816	0.729	0.869	0.776	0.920	0.850
DHPE	0.763	0.681	0.841	0.738	0.641	0.622
DANE	0.802	0.719	0.829	0.739	0.895	0.835
DHNE	0.793	0.722	0.841	0.717	0.541	0.714
DyHNE	0.835	0.750	0.882	0.779	0.928	0.874
MRCGNN	0.880	0.714	0.948	0.835	0.934	0.755
TemporalHAN	**0.958**	**0.859**	**0.976**	**0.948**	**0.940**	**0.891**

8.3.3　消融研究

为了展示 NRWA 算法的有效性,本章设计了 TemporalHAN 的变体实验。特别的是,本章移除了 NRWA 算法(标记为 TemporalHAN_1)来验证 TemporalHAN 模型的性能。本章使用 Yelp 和 AMiner 数据集来展示节点分类和关系预测任务的性能,并独立执行了 10 次,显示了平均 Micro-F1、Macro-F1、AUC 和 F1 的值。图 8-6 中的实验结果揭示了 TemporalHAN 在 Yelp 数据集上的平均 Micro-F1 的值比 TemporalHAN_1 高 9%，在 Aminer 数据集上比 TemporalHAN_1 高 10%；TemporalHAN 在 Yelp 数据集上的平均 Macro-F1 的值比 TemporalHAN_1 高 11%，在 Aminer 数据集上比 TemporalHAN_1 高 9%；TemporalHAN 在 Yelp 数据集上的平均 AUC 的值比 TemporalHAN_1 高 8%，在 Aminer 数据集上比 TemporalHAN_1 高 6%；TemporalHAN 在 Yelp 数据集上的平均 F1 值比 TemporalHAN_1 高 12%，在 Aminer 数据集上比 TemporalHAN_1 高 8%。原因可能是原始数据在捕获其异构邻居时没有考虑节点异构邻居的时序近期性。因此，它不足以表示网络拓扑的演化行为，并且它被 NRWA 算法所超越。

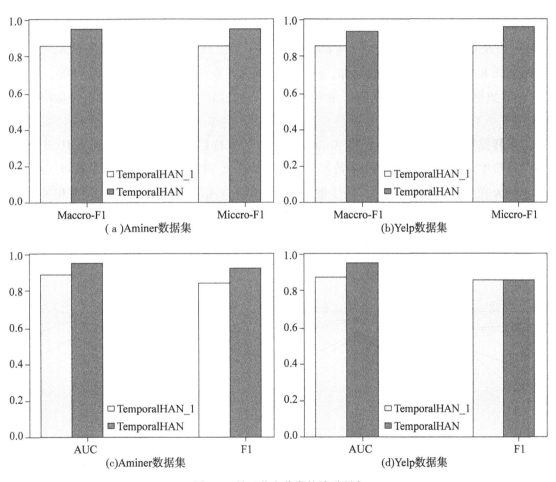

图 8-6　关于节点分类的消融研究

8.3.4　参数敏感性分析

本节评估了不同的 L、R 和 δ 对节点分类和关系预测性能的影响。

衰减系数 δ：本章将 δ 参数范围从 0.5 改变到 0.9，每步改变增加 0.1，以验证改变此参数对节点分类和关系预测性能的影响。结果表明，在两项任务上，当 $\delta = 0.8$ 时获得了最理想的结果。图 8-7 显示，当 δ 从 0.5 增加到 0.6 时，性能略有提升。在此之后，随着 δ 从 0.6 增加到 0.7 时，性能略有下降，并且当 δ 从 0.7 增加到 0.8 时，性能提升。在 $\delta = 0.8$ 时获得了最理想的结果，之后随着 δ 的持续增加，性能略有下降。在实验中，本章发现这个参数 δ 对结果的敏感性比参数 L 和 R 更强。

采样路径的长度 L：本章将 Aminer 数据集的采样路径长度 L 的范围从 200 变化到 1200，每步增加 200，以验证节点分类和关系预测性能；本章将 Yelp 数据集的 L 范围从 20 变化到 120，每步增加 20，以验证 Yelp 数据集上的节点分类和关系预测性能。在验证采样路径 L 时，其他参数设置为默认值。结果表明，在 Aminer 数据集上当 $L = 800$，以及在 Yelp 数据集上当 $L = 80$ 时，获得了节点分类和关系预测任务的最理想的结果。图 8-8 显示，随着 L 的增加，性能持续提升。在 Aminer 数据集上 $L = 800$，以及在 Yelp 数据集上 $L = 80$ 时获得了最理想的结果，之后随着 L 的持续增加，性能略有下降。

采样路径的数量 R：本章将 Aminer 数据集的采样路径数量 R 的范围从 10 变化到 25，每步增加 5，以验证 Aminer 数据集上的节点分类和关系预测性能；本章将 Yelp 数据集的 R 范围从 5 变化到 30，每步增加 5，以验证 Yelp 数据集上的节点分类和关系预测性能。在验证采样路径 R 时，其他参数设置为默认值。结果表明，在两个数据集上当 $R = 20$ 时，获得了最理想的结果。图 8-9 显示，随着 R 的增加，性能持续提升。在 $R = 20$ 时获得了最理想的结果，之后随着 R 的持续增加，性能略有下降。

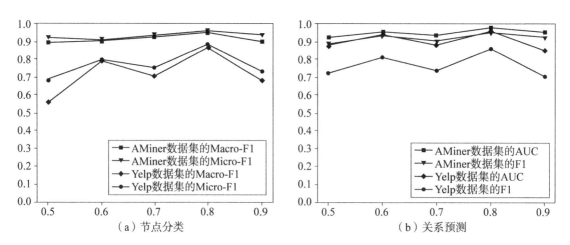

图 8-7　节点分类和关系预测中参数 δ 的作用

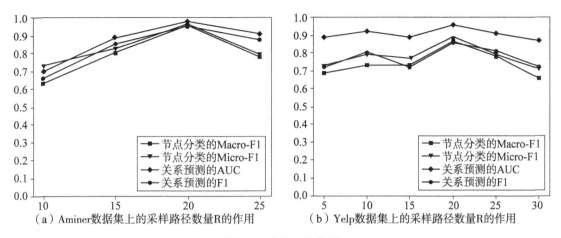

图 8-8　参数 L 的作用

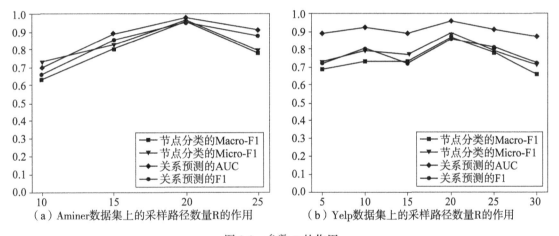

图 8-9　参数 R 的作用

📝 本章小结

本章介绍了一种新的时序异构网络神经网络嵌入方法。特别地，本章基于层次注意力和时序卷积网络（TCN）提出了一个新的异构时序神经网络嵌入框架（TemporalHAN）。首先，本章提出了一种新的随机游走算法，为不同类型的每个节点收集强连接的异构邻居，并按节点类型进行分组。此外，该算法利用衰减系数 δ 以确保更近的快照分配更多随机游走步骤，这可以有效地学习异构时序网络的演变信息。在实验中，可以发现参数 δ 对结果更为敏感，因此，使用这个参数可以有效地提取更有价值的节点特征信息。其次，本章将节点级别和语义级别的注意力引入到异构图神经网络中，以识别节点之间不同层次的重要性。本章利用节点级和语义级注意力来学习节点与其随机行走邻居之间对于特定节点类型的重要性，并分别学习该节点的不同节点类型的重要性。最后，本章采用 TCN 来学习快照之间的演变信息。实验结果表明，TemporalHAN 显著超过了对比模型。本章的模型可应用于不同的网络分析任务，如推荐系统、关系预测和社区检测。

异构网络清晰表达了具有多种类型节点和边的丰富网络语义关系。本章目前的工作中未考虑的挑战性问题是如何捕获特定领域网络的网络语义。因此，本章未来的工作将研究特定领域网络的网络语义关系(关系感知机制)，并利用关系感知机制来构建神经网络模型，以学习鲁棒性更好的嵌入向量。

第9章 基于可学习图增强的多关系图对比学习方法

多关系图，也称为知识图谱(knowledge graphs, KGs)，由不同类型的实体作为节点和关系作为边组成，可以用来存储大量的事实知识。例如，知识图谱通常存储为一个三元组 (s, r, o)，其中 s 和 o 分别定义了不同类型的源实体和目标实体，r 定义了不同类型的关系。多关系图学习，也称为知识图谱嵌入(knowledge graph embedding, KGE)，旨在将实体和关系嵌入低维向量，这样能够保留 KGs 的固有结构。它已成功应用于各种下游多关系预测任务，这些任务需要利用表示向量，如关系提取、信息检索、个性化推荐、问答以及药物间相互作用预测等。

目前关于 KEG 的研究主要聚焦于利用图卷积网络(graph convolutional network, GCN)技术，将实体和关系的固有语义及结构信息有效地编码并映射到低维向量空间中。例如，RGCN 引入了一种关系 GCN 来处理 KGs 的高度多关系数据特征，而 GTN 引入了自适应权重消息传递来编码 KGs 中的实体和关系。GGPN 引入了一种新的带注意力的多关系图高斯过程网络，用于多关系图表示学习。然而，KGs 中不同实体在不同关系下对目标实体嵌入的贡献是不同的。上述方法忽略了不同实体在不同关系下对目标实体的不同重要性。还有一些基于层次注意力考虑多元路径关系的异构网络嵌入方法，可以识别实体间不同层次的重要性。例如，HAN 提出了一种基于层次注意力的异构 GCN，其包括节点级和语义级注意力，用于异构图嵌入。ie-HGCN 设计了对象级注意力和类型级注意力来学习实体的向量表示。然而，这些方法关注的是异构图而不是 KGs，因此，不能直接用于多关系预测任务。DHAN 设计了一个包括内部类型注意力和跨类型注意力的层次注意力架构，用于学习同一类型的节点和双类型多关系图中不同类型的邻居。然而，这种方法只考虑了两种类型的实体，现实世界中的多关系图通常由多种类型的实体和关系组成，基于层次注意力的 KGs 研究还不够充分。

目前，大多数现有的基于 GCN 的 KGM 模型都是以监督方式训练的，但收集大量带有标签的数据通常需要耗费大量的资源和时间。近年来，图对比学习(graph contrast learning, GCL)在多关系图学习中取得了重大进展，其目标是从未标记的图中学习向量表示。其核心思想是通过创建对比视图之间的一致性来增强节点表示，对比视图通过对比定义的正例和负例创建。例如，MRCGNN通过随机打乱边关系和节点特征生成两个对比视图，用于多关系药物相互作用事件预测，而CMGNN编码包含连接的邻居和知识图谱扩散的两个视图，用于多模态知识图谱学习。然而，这些方法主要利用人为设计的图增强来处理特定领域的数据集。一个好的增强视图应该在保持与任务相关信息完整性的同时，对不同领域具有较大的多样性。然而，现有的基于随机扰动的手工图增强方法可能无法在不同领域保持任务相关信息完整性。还有一些自适应图对比学习模型已经出现，如AdaGCL和ADGCL，然而，这些方法关注的是关系类型有限的图学习，不能直接应用于多关系图。因此，如何设计一种具有自适应拓扑结构的可学习图增强策略，以适应多种应用领域中的多关系图数据集，仍是一个亟待解决的挑战。

此外，现有的GCL中的对比损失函数主要采用最初在计算机视觉中开发的对比损失函数，这些损失函数将正样本对拉近，将负样本对推远，以指导节点学习。例如，经典的图对比损失函数方法InfoNCE通过为图中的每个锚点节点创建不同的增强视图来生成正样本对。具体来说，它将来自不同视图但表示图中同一节点的样本视为该锚点的正样本对，将其他不同的节点视为来自不同视图的负样本对，即使它们与不同视图中相同的作为锚点的节点有边相连。NTXent将同一视图和不同视图中的所有其他不同节点视为负样本对。另一方面，图同质性假设表明，相连的邻居节点通常应该彼此靠近而不是彼此远离。InfoNCE和NTXent将邻居节点视为负样本对，并将其从锚点推开，这与图同质性假设相矛盾。NCLA引入了一个邻居对比损失函数，通过考虑同一视图和不同视图中锚点的1跳邻居来为每个锚点生成多个正样本对。然而，图通过拓扑结构揭示高阶属性，仅考虑锚点的1跳邻居会造成其在下游任务上的性能有限。MRCGNN通过计算同一视图中锚点的全局图表示为锚点生成正样本。然而，锚点倾向于与跳数更小的邻居节点有更紧密的关系。为锚点计算全局图表示作为其正样本可能会产生不准确的监督信号。从上述讨论中可以看出，如何设计一种利用局部邻居关系生成每个锚点的正样本对的对比损失函数策略，以实现高质量的节点学习，是另一个挑战。

鉴于上述确定的两个挑战，本章提出了一种多关系图对比学习架构（multi-relational graph contrastive learning architecture，MRGCL），用于多关系图学习，如图9-1所示。具体来说，本章的MRGCL首先提出了一个多关系图层次注意力网络（multi-relational graph hierarchical attention networks，MGHAN），用于识别实体之间的重要性，它包括实体级、关系级和层级注意力。实体级注意力可以识别特定关系类型下实体及其邻居之间的重要性，关系级注意力可以识别特定实体的不同关系类型的重要性，而层级注意力可以识别MGHAN中不同传播层对特定实体的重要性。通过这种方式，

MGHAN 可以学习实体之间不同层次的重要性，以提取局部图依赖性。然后，本章利用变体 MGHAN 自动学习两个具有自适应拓扑结构的图的增强视图。更详细地说，本章从 MGHAN 中移除实体级注意力以学习对比视图 1，并从 MGHAN 中移除实体级和关系级注意力以学习对比视图 2。通过这种方式，由变体 MGHAN 自动学习两个图增强视图，它们将保持与原始图完全相同的节点和边，但通过移除不同级别的注意力以具有不同的自适应边权重。因此，它可以保持任务相关信息的完整性，并自适应多种领域的多关系图数据集。最后，本章设计了一个子图对比损失函数，为每个锚点生成正样本对。具体来说，本章首先构建同一视图中锚点的所有 k 跳邻居作为它们的强连接子图。然后，本章计算子图嵌入作为每个锚点的正样本对，这样可以提取锚点的局部高阶关系，实现高质量的节点学习。

本章提出了一种有效的多关系图学习的方法 MRGCL，引入了 MGHAN 架构，用于学习实体之间不同层次的重要性，以提取局部图依赖性。本章采用变体 MGHAN 进行对比增强，可以保持任务相关信息的完整性并自适应多种领域特定的多关系图数据集。本章设计了一个子图对比损失函数，为每个锚点生成正样本对，这样能够提取锚点的局部高阶关系，实现高质量的节点学习。

在 3 个应用领域的 5 个多关系数据集上的大量的实验表明，本章的 MRGCL 优于各种 SOTA 方法。

9.1 问题定义

一个多关系图可以被表示为 $G = (V, R, \xi)$，其中 V 定义了实体(节点)的集合，R 定义了关系(边的类型)的集合，ξ 定义了形式为三元组的事实集合：$\{(s, r, o) \in V \times R \times V\}$。这里的 s 和 o 分别表示源实体和目标实体，而 r 表示关系的类型。如前文所述，基于层次注意力的 KGs 研究是不充分的，此外，为多关系图数据集的多样化应用领域设计可学习的图增强策略，以及为高质量节点学习设计对比损失函数策略，是当前的研究挑战。因此，本章中的多关系图学习的正式定义如下：给定一个多关系图 $G = (V, R, \xi)$，本章首先采用提出的 MGHAN 架构来学习实体 V 之间不同级别的重要性，以提取局部图依赖性。然后，变体 MGHAN 引导的增强生成两个可学习的对比视图，并且局部高阶关系引导生成一个用于无监督高质量节点学习的子图对比损失函数。通过计算同一视图中锚点的所有 k 跳邻居来获得锚点的局部高阶关系。最终，本章的多关系图学习的目标是利用上述策略学习实体的表示向量 H，以用于下游多关系预测任务。

9.2　方　　法

本节详细列举了提出的模型 MRGCL 的所有组成部分，如图 9-1 所示。本章采用不同颜色的圆圈表示不同类型的实体，不同颜色的线条表示不同类型的关系来描述多关系图。图 9-1(a)表示一个包含实体级、关系级和层级注意力的多关系图层次注意力网络；图(b)表示通过变体 MGHAN-1/2 自动学习的两个具有自适应拓扑的图增强视图。图(c)表示设计了一个子图对比损失函数，通过计算锚点的强连接子图嵌入 e, e 作为监督信号来生成每个锚点的正样本。

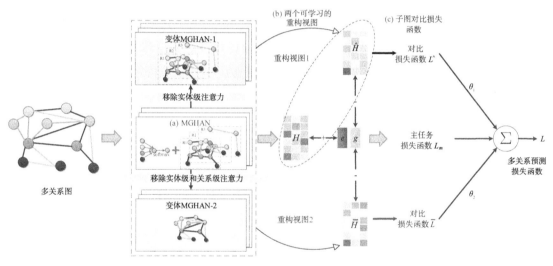

图 9-1　MRGCL 的总体架构

9.2.1　多关系图学习

大多数现有的多关系图学习模型都侧重于使用 GCN 来学习实体和关系的表示，这已经在下游任务中显示出卓越的性能。本章提出了基于 GCN 的多关系图层次注意力网络(multi-relational graph hierarchical attention network based on GCN，MGHAN)，用于学习实体表示，它包括实体级、关系级和层级的注意力，并且能够学习实体之间不同层次的重要性。每个传播层 i 定义为

$$\boldsymbol{h}_v^{(i+1)} = \sigma\left(\sum_{r \in R} b_v^r \sum_{u \in N_v^r} a_{vu}^r \boldsymbol{W}_r^{(i)} \boldsymbol{h}_u^{(i)} + \boldsymbol{W}_0^{(i)} \boldsymbol{h}_v^{(i)}\right) \tag{9-1}$$

其中，$\boldsymbol{h}_v^{(i)}$ 和 $\boldsymbol{h}_u^{(i)}$ 分别表示层数 $i \in I$ 中节点 v 和节点 u 的向量表示。σ 表示激活函数，N_v^r

表示在特定关系 $r \in R$ 下节点 v 的邻居节点集合。$\boldsymbol{W}_0^{(i)}$ 和 $\boldsymbol{W}_r^{(i)}$ 表示在层数 i 中的可训练权重矩阵。本章采用 a_{vu}^r 来定义描述节点 (v, u) 在关系类型 r 中重要性的实体级注意力，该注意力可以通过下式构建：

$$a_{vu}^r = \frac{\exp(\sigma(\boldsymbol{a}_r^{\mathrm{T}}[\boldsymbol{h}_v^r \parallel \boldsymbol{h}_u^r]))}{\sum\limits_{w \in N_v^r} \exp(\sigma(\boldsymbol{a}_r^{\mathrm{T}}[\boldsymbol{h}_v^r \parallel \boldsymbol{h}_w^r]))} \tag{9-2}$$

其中，$\boldsymbol{h}_v^r$ 和 $\boldsymbol{h}_U^r$ 分别定义了特定关系类型 r 中节点 v 和节点 u 的输入表示向量。"$\parallel$"定义了连接运算符，a_r 定义了关系类型 r 的注意力函数的权重向量参数。a_{vu}^r 表示基于 softmax 函数在特定关系类型 r 的邻域上的重要性系数，以揭示节点 u 对节点 v 的重要性。本章采用 b_v^r 来定义描述特定实体 v 对不同关系类型重要性的关系级注意力，可以通过下式构建：

$$b_v^r = \frac{\exp(\boldsymbol{q}^{\mathrm{T}} \cdot \sigma([\boldsymbol{W}_r \boldsymbol{h}_v^r + \boldsymbol{b}_r]))}{\sum\limits_{r=1}^{R} \exp(\boldsymbol{q}^{\mathrm{T}} \cdot \sigma([\boldsymbol{W}_r \boldsymbol{h}_v^r + \boldsymbol{b}_r]))} \tag{9-3}$$

其中，$\boldsymbol{q}^{\mathrm{T}}$ 定义了实体级注意力向量。R 定义了关系类型集合，$\boldsymbol{W}_r$ 和 $\boldsymbol{b}_r$ 是可训练参数。这样，b_v^r 可以识别特定实体 v 对不同关系类型的重要性。考虑到 MGHAN 不同传播层的表示向量包含不同层次的交互信息。因此，本章设计了一个层级注意力 c_i 来组合这些嵌入并获取每个实体 v 的最终嵌入，可以通过下式构建：

$$\boldsymbol{h}_v = \sum_{i=1}^{I} c_i \boldsymbol{h}_v^i \tag{9-4}$$

其中，c_i 定义了第 i 层嵌入对最终实体表示的自适应性贡献的层级注意力，可以通过下式构建：

$$c_i = \frac{\exp(\boldsymbol{p}^{\mathrm{T}} \cdot \sigma([\boldsymbol{W}_i \boldsymbol{h}_v^i + \boldsymbol{o}_i]))}{\sum\limits_{i=1}^{I} \exp(\boldsymbol{p}^{\mathrm{T}} \cdot \sigma([\boldsymbol{W}_i \boldsymbol{h}_v^i + \boldsymbol{o}_i]))} \tag{9-5}$$

其中，$\boldsymbol{p}^{\mathrm{T}}$ 定义了层级注意力向量。I 定义了传播层的数量，$\boldsymbol{W}_i$ 和 $\boldsymbol{o}_i$ 是可训练参数。这样，c_i 可以识别 MGHAN 的不同传播层对特定实体 v 的重要性。

9.2.2 可学习的多关系图增强

正如前文所讨论的，大多数基于随机扰动的现有手工图增强方法可能无法在不同领域保持与任务相关的信息完整性。为来自不同领域的多关系图数据集设计可学习的图增强策略仍然是一个挑战。本章利用变体 MGHAN 自动学习两个具有自适应拓扑图的增强视图。本章首先从 MGHAN 中移除实体级注意力 a_{vu}^r 来学习对比视图 1，每个传播层 i 定义为：

$$\hat{h}_v^{(i+1)} = \sigma \Big(\sum_{r \in R} b_v^r \sum_{u \in N_v^r} \hat{W}_r^{(i)} \hat{h}_u^{(i)} + \hat{W}_0^{(i)} \hat{h}_v^{(i)} \Big) \tag{9-6}$$

其中，$\hat{h}_v^{(i)}$ 和 $\hat{h}_u^{(i)}$ 分别定义了对比视图 1 中特定关系类型 r 的节点 v 和 u 的输入表示向量，初始值与主视图相同。本章使用类似的 MGHAN 参数来获得重构视图 $\hat{G} = (\hat{V},\ \hat{R},\ \hat{\xi})$。$\overline{W}_0^{(i)}$ 和 $\overline{W}_r^{(i)}$ 表示第 i 层中的可训练权重矩阵。然后，本章从 MGHAN 中移除实体级注意力 a_{vu}^r 和关系级注意力 b_v^r 来学习对比视图 2，每个传播层 i 定义为

$$\overline{h}_V^{(i+1)} = \sigma \Big(\sum_{r \in R} \sum_{u \in N_v^r} \overline{W}_r^{(i)} \overline{h}_u^{(i)} + \overline{W}_0^{(i)} \overline{h}_v^{(i)} \Big) \tag{9-7}$$

其中，$\overline{h}_v^{(i)}$ 和 $\overline{h}_u^{(i)}$ 分别定义了对比视图 2 中特定关系类型 r 的节点 v 和 u 的输入表示向量，初始值与主视图相同。本章还使用类似的 MGHAN 参数来获得重构视图 $\overline{G} = (\overline{V},\ \overline{R},\ \overline{\xi})$。$\overline{W}_0^{(i)}$ 和 $\overline{W}_r^{(i)}$ 表示第 i 层中的可训练权重矩阵。

MRGCL 利用变体 MGHAN 产生两个具有自适应拓扑的可学习图的增强视图。这种可学习的增强可以自动与多种图数据集兼容，无需先学习相关领域知识。此外，与可能严重破坏原始拓扑的不恰当手工图增强相比，可学习的增强视图会保留与原始图相同的节点和边，但具有不同的自适应边权重。此外，这两个重构视图不与主视图 MGHAN 共享权重，权重是通过学习获得的。

9.2.3 子图对比损失函数

为了训练模型参数，本章设计了一个子图对比损失函数，以对比两个增强视图嵌入与主视图嵌入。本章为视图 1 定义对比损失函数为

$$\hat{L} = -\frac{1}{|V| + |\hat{V}|} \Big(\sum_{v \in V} \big[\log D(h_v,\ e) \big] + \sum_{u \in \hat{V}} \big[\log(1 - D(\hat{h}_u,\ g)) \big] \Big) \tag{9-8}$$

其中 g 定义了主视图 $G = (V,\ R,\ \xi)$ 的全局图表示，可以通过读出函数 $g = \Gamma(H)$ 获得该表示。e 定义了主视图 $G = (V,\ R,\ \xi)$ 中锚点的子图表示，可以通过计算同一视图中锚点的所有 k 跳邻居嵌入获得。对于锚点 v，子图表示 e 可以通过下式获得：

$$e = \frac{\sum\limits_{i \in N_v^k} h_i}{k} \tag{9-9}$$

其中，N_v^k 表示节点 v 的所有 k 跳邻居的集合，h_i 表示节点 i 的嵌入。$D(h_v,\ e) = \sigma(h_v^{\mathrm{T}} W e)$，其中 W 是一个可训练参数矩阵。本章以类似方式定义视图 2 的对比损失函数，如下式：

$$\overline{L} = -\frac{1}{|V| + |\overline{V}|}\left(\sum_{v \in V}\left[\log D(\boldsymbol{h}_v,\ \boldsymbol{e}) \right] + \sum_{u \in \overline{V}}\left[\log(1 - D(\overline{\boldsymbol{h}}_u,\ \boldsymbol{g})) \right] \right) \qquad (9\text{-}10)$$

对比学习的训练目标是最大化 $\boldsymbol{H}$ 和 $\boldsymbol{e}$ 之间的一致性，以及 $\hat{\boldsymbol{H}}/\overline{\boldsymbol{H}}$ 和 $\boldsymbol{g}$ 之间的差异，其中 $\hat{\boldsymbol{H}}/\overline{\boldsymbol{H}}$ 分别表示对比视图 $\hat{G} = (\hat{V},\ \hat{R},\ \hat{\xi})$ 和 $\overline{G} = (\overline{V},\ \overline{R},\ \overline{\xi})$ 的嵌入向量。通过这种方式，本章的对比损失函数可以将锚点的子图表示拉近，以指导高质量的节点学习。对于特定的多关系预测任务，本章联合优化对比损失函数与主目标函数，该目标函数可以通过下式构建：

$$L = L_m + \theta_1 \hat{L} + \theta_2 \overline{L} \qquad (9\text{-}11)$$

其中 θ_1 和 θ_2 是控制对比损失函数贡献的超参数。L_m 是主目标函数，可以通过下式构建：

$$L_m = -\sum_{(v,\ u) \in \Omega}\sum_{r \in R} y^r_{(v,\ u)} \log \hat{y}^r_{(v,\ u)} \qquad (9\text{-}12)$$

其中，Ω 定义了训练集，$y^r_{(v,\ u)}$ 表示实体对 $(v,\ u)$ 属于关系类型 r 的概率，而 $\hat{y}^r_{(v,\ u)}$ 表示相应的标签。

9.3 实 验

在本节中，本章进行了全面的实验来验证 MRGCL 框架在三个应用领域的性能，即推荐系统、用于药物发现的事件预测，其可以预测药物之间的相互作用(DDI 事件预测)和 KGs 上的多关系推理。

9.3.1 实验设置

1. 数据集

本章首先选择 IJCAI 数据集进行推荐。然后，本章选择 Deng's 和 Ryu's 数据集进行 DDI 事件预测。最后，本章选择 WN18RR 和 FB15k-237 数据集进行多关系推理。三个领域数据集的统计的属性如表 9-1 所示。

IJCAI：它是一个在线零售数据集，包含 22 438 个用户实体和 35 573 个项目实体，包含 4 种类型的用户在线活动，以及 199 654 次交互。

Deng's：这是一个药物之间相互作用的数据集，包含 570 种药物，65 种关系的类型和 37 264 种相互作用。

Ryu's：它也是一个药物之间相互作用的数据集，包含 1700 种药物，86 种关系的类型和 191 570 种相互作用。

WN18RR：它是一个分层的词汇网关系图，包含 40 943 个单词，11 个语义关系和 93 003 个相互作用。

FB15k-237：从维基百科等网页中提取的知识图谱，包含 14 541 个实体，237 个关系，310 116 个相互作用。

表 9-1　　　　　　　　　　　　　　　　**数　据　集**

数　据　集		实体数量	关系数量	交互次数
领域 1	IJCAI	58 011	4	199 654
领域 2	Deng's	570	65	37 264
	Ryu's	1 700	86	191 570
领域 3	WN18RR	40 943	11	93 003
	FB15k-237	14 541	237	310 116

2. 对比模型

本章在三个应用程序中选择了不同的对比模型来展示 MRGCL 模型的性能，DDI 事件预测的对比模型如下：

RGCN：提出了一个关系型 GCN，以解决 KGs 的高度多关系数据特征。

TrimNet-DDI：利用 TrimNet 来学习药物嵌入，用于 DDI 事件预测。

MUFFIN：融合多尺度药物特征学习药物嵌入，用于 DDI 事件预测。

SSI-DDI：采用具有共同注意力的多个 GAT 层来学习药物对的嵌入。

MRCGNN：通过随机打乱边关系和节点特征生成两种对比视图，用于 DDI 事件预测。

本章选择以下对 KGs 进行多关系推理的 SOTA 方法作为对比模型。

A2N：提出了一种新的基于注意力的策略，将查询依赖实体表示嵌入 KGs。

SACN：采用加权图卷积网络的编码器，利用节点结构、节点属性和边关系类型，以及卷积网络的解码器进行知识库完善。

KBAT：利用实体和关系特征构建基于注意力的特征嵌入框架，用于关系预测。

CompGCN：采用多种基于 GCN 架构的实体-关系组合操作来学习 KGs 中的实体和关系。

GGPN：提出了一种新的多关系图高斯过程网络，该网络具有注意力机制，以实现多关系图表示学习。

NMuR：利用所提出的非线性双曲归一化对多关系图 MuR 进行多关系推理。

本章选择以下模型用于推荐系统的对比模型。

KHGT：引入了一种知识增强的分层图 transformer 网络，用于多行为推荐系统。

MBGMN：融合多行为模式，构建多行为推荐系统的图元网络。

EHCF：提出了一种新的非采样迁移学习作为推荐系统的附加监督信号。

CML：提出了推荐系统的多行为对比学习模型。

RCL：通过提出的针对多关系推荐系统的动态跨关系记忆网络来学习行为级增强。

3. 参数设置

本章为 IJCAI 数据集的对比损失函数的控制贡献设置了超参数 $\theta_1 = 0.2$ 和 $\theta_2 = 0.15$；Deng's 和 Ryu's 数据集的超参数设置为 $\theta_1 = 0.1$，$\theta_2 = 0.05$；FB15K-237 和 WN18RR 数据集的超参数设置为 $\theta_1 = 0.2$ 和 $\theta_2 = 0.1/0.15$。学习率设为 0.001。IJCAI 数据集的 k 设置为 2，其他数据集的 k 设置为 3。一些重要参数及其解释见表9-2。对比模型参数设置为其默认值。本章使用了精确度、Macro-F1、Macro-Rec. 以及 Macro Pre. 估计用于 DDI 事件预测的 MRGCL 模型，以实现多关系推理的 MRR，Hits@3 和 Hits@10，并且 NDCG@N 和 HR@N 将 N 设置为默认值 $N=10$ 以实现多关系推荐系统。本章进行了 5 次实验，报告平均参数。实验在 Ubuntu 20.04.6 的操作系统上运行，采用 Intel(R) Xeon(R) Gold 5317 CPU @ 3.00GHz 机器，512GB 内存，Tesla A100 80G 和 Python 3.9。本章的数据集和源代码已发布。

表9-2　　　　　　　　　　　　**参　数　释　义**

参　　数	释　　义
θ_1/θ_2	控制对比损失函数的贡献
k	定义锚点的 k 跳邻居
R	定义关系类型集合
a_{vu}^r	定义实体级注意力
b_v^r	定义关系级注意力
c_i	定义层次级注意力

9.3.2　药物相互作用事件预测

表 9-3 展示了 MRGCL 在两个数据集上的预测性能，以及五个对比模型的性能，其中最佳结果以粗体显示。如表 9-3 所示，本章的模型取得了最佳的预测性能。RGCN、TrimNet-DDI 和 MUFFIN 考虑了药物结构特征，并采用深度学习模型来学习药物。然而，这些方法忽略了注意力机制，导致性能不尽如人意。尽管 SSI-DDI 利用多个 GAT 层和共注意力来学习药物对的嵌入，但本章的模型性能更好，因为本章的模型可以学习实体之间不同级别的重要性。MRGCL 通过随机打乱边关系和节点特征生成两个对比视图。与此相反，MRCGNN 采用手工图增强策略，这种策略在保持与任务相关信息的完整性方面能力有限。总结来看，MRGCL 相对于对比模型方法具有以下主要优势。首先，MRGCL 引入了包含实体级、关系级和层级注意力的 MGHAN 架构，以学习实体之间不同层次的重要性。更重要的是，MRGCL 采用了可学习的对比增强，以保持与任务相关的信息完整性。此外，MRGCL 引入了子图对比损失函数，为每个锚点生成正样本对，这可以提取锚点的局部高阶关系，实现高质量的节点学习。因此，本章的 MRGCL 模型在 DDI 事件预测任务中胜过所有对比模型。

表 9-3　　　　　　　　　　**MRGCL 进行 DDI 事件预测的结果**

方法	Deng's 数据集				Ryu's 数据集			
	准确率	Ma-F1	Ma-R	Ma-P	准确率	Ma-F1	Ma-R	Ma-P
RGCN	0.870	0.703	0.688	0.750	0.928	0.849	0.829	0.888
TD	0.857	0.655	0.636	0.705	0.935	0.829	0.813	0.863
MUFFIN	0.827	0.525	0.484	0.620	0.951	0.857	0.834	0898
SSI-DDI	0.787	0.422	0.390	0.514	0.901	0.666	0.629	0.751
MRCGNN	0.898	0.779	0.769	0.810	0.957	0.889	0.873	0.922
MRGCL	**0.902**	**0.806**	**0.780**	**0.859**	**0.961**	**0.917**	**0.905**	**0.939**

注：TD 表示 TrimNet-DDI；Ma-F1 表示 Macro-F1；Ma-R 表示 Macro-Rec.；Ma-P 表示 Macro-Pre.。

9.3.3　知识图谱的多关系推理

表 9-4 显示了 MRGCL 和对比模型在 WN18RR 和 FB15K-237 数据集上的多关系推理结果。实验结果表明，MRGCL 在这两个数据集上均优于所有对比模型。具体来说，

与 FB15K-237 数据集上排名第二的对比模型 GGPN 相比，MRGCL 在 MRR、Hits@3 和
Hits@10 上分别提高了 1.5%、0.6% 和 0.7%。在 WN18RR 数据集上，MRGCL 的平均
Hits@10 值略低于 NMuR，但 MRGCL 的其他两个指标显著优于 NMuR。本章在
WN18RR 数据集上与排名第二的对比模型 GGPN 比较也可以获得类似的结果。然而，
GGPN 的整体表现显著优于 NMuR，但低于本章的 MRGCL。实验结果表明，MRGCL
对多关系推理任务有效。原因可能是 SACN、CompGCN 和 NMuR 忽略了注意力机制，
尽管 A2N、KBAT 和 GGPN 考虑了注意力机制，但这些模型没有构建层次化注意力来
学习实体之间不同层次的重要性。更重要的是，本章的 MRGCL 采用了可学习的对比
增强，以保持与任务相关的信息完整性，从而可以自适应多种应用领域。因此，多关
系推理的实验结果显示，本章的 MRGCL 能够战胜各种 SOTA 方法。

表 9-4　　　　　　　　　　　　多关系推理的 MRGCL 的结果

方法名称	WN18RR 数据集			FB15k-237 数据集		
	MRR	Hit@3	Hit@10	MRR	Hit@3	Hit@10
A2N	0.450	0.460	0.510	0.317	0.348	0.486
SACN	0.470	0.480	0.540	0.350	0.390	0.540
KBAT	0.410	0.451	0.501	0.318	0.362	0.499
CompGCN	0.479	0.494	0.546	0.355	0.390	0.535
NMuR	0.447	0.481	**0.579**	0.322	0.355	0.506
GGPN	0.481	0.499	0.548	0.361	0.396	0.540
MRGCL	**0.493**	**0.519**	0.570	**0.376**	**0.402**	**0.547**

9.3.4　多关系推荐

表 9-5 显示了 MRGCL 和对比模型在 IJCAI 数据集上的多关系推荐结果。实验结果
也证明，MRGCL 在 IJCAI 数据集上的表现优于所有对比模型。具体来说，KHGT 和
MBGMN 主要利用基于 GCN 的架构来学习多关系图的嵌入表示，其性能显著低于基于
自监督范式的模型，如 EHCF 和 CML。此外，RCL 自适应性地学习行为级增强，并且
超过了 EHCF 和 CML，然而，它仍然被本章的 MRGCL 模型超过，可能是因为本章的
模型设计了一个子图对比损失函数来生成模型的监督信号，这样可以产生高质量的节
点向量。因此，多关系推荐的实验结果表明，本章的 MRGCL 能够超过多种 SOTA 方
法。

表 9-5　　　　　　　　　　　　**IJCAI 数据集多关系推荐的 MRGCL 的结果**

方法	NDCG@ 10	HR@ 10
KHGT	0. 145	0. 278
MBGMN	0. 176	0. 329
EHCF	0. 207	0. 362
CML	0. 235	0. 410
RCL	0. 312	0. 510
MRGCL	**0. 319**	**0. 541**

9.3.5　消融研究

本章设计了一个消融研究验证对比学习、子图对比损失函数以及分层注意等要素在 DDI 事件和多关系推荐任务中的有效性。本章进行了 5 次实验，得到了 Deng's 和 Ryu's 数据集的平均精度、Macro-F1、Macro-Rec. 以及 Macro-Pre. 的值，以及 HR@ 10 和 NDCG@ 10 在 IJCAI 数据集上的平均值。

1. 对比学习的作用

为了验证对比学习在 DDI 事件预测和多关系推荐中的作用，本章从 MRGCL 模型的损失函数 L 中移除了 $\hat{L}$ 和 $\bar{L}$ 损失函数(记为 MRGCL_1)，以验证它们对 MRGCL 模型的贡献。

如图 9-2 所示，在 Deng's 数据集上，MRGCL 的平均准确率比 MRGCL_1 的平均准确率高 0.3%，MRGCL 的 Macro-F1 平均值比 MRGCL_1 的 Macro-F1 平均值高 1.2%，MRGCL 的 Macro-Pre. 平均值比 MRGCL_1 的 Macro-Pre. 平均值高 3.4%。

在 Ryu's 数据集上，MRGCL 的平均准确率比 MRGCL_1 的平均准确率高 1.5%，MRGCL 的 Macro-F1 平均值比 MRGCL_1 的 Macro-F1 平均值高 2.5%，MRGCL 的 Macro-Rec. 平均值比 MRGCL_1 的 Macro-Rec. 平均值高 2.0%，MRGCL 的 Macro-Pre. 平均值比 MRGCL_1 的 Macro-Pre. 平均值高 1.6%。

在 IJCAI 数据集上，MRGCL 的 HR@ 10 平均值比 MRGCL_1 的 HR@ 10 平均值高 2.2%，MRGCL 的 NDCG@ 10 平均值比 MRGCL_1 的 NDCG@ 10 平均值高 9.1%。

在 Deng's 数据集上，MRGCL 的平均 Macro-Rec. 的值比 MRGCL_1 的平均 Macro-Rec. 的值低 0.9%，但 MRGCL 的其他 3 个指标都优于 MRGCL_1。此外，在 Ryu's 数据集上，MRGCL 在所有指标上都优于 MRGCL_1。因此，本章的 MRGCL 模型在这两个数据集上的整体性能都优于 MRGCL_1。实验结果证明了对比学习的有效性。原因可能是 MRGCL 利用提出的变体 MGHAN 用于进行可学习的对比增强。

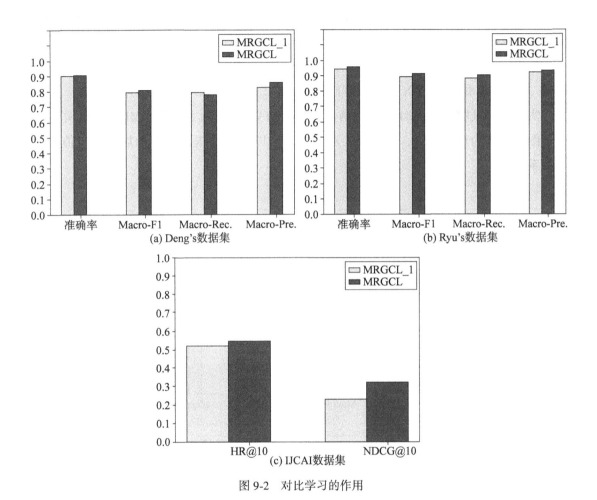

图 9-2　对比学习的作用

2. 子图对比损失函数的作用

为了验证子图对比损失函数策略的作用，本章在子图对比损失函数中将所有锚点的子图表示 e 替换为锚点的全局表示 g（记为 MRGCL_2），以验证其对 MRGCL 模型的贡献。

如图 9-3 所示，在 Deng's 数据集上，MRGCL 的平均准确率比 MRGCL_2 的平均准确率高 2%，MRGCL 的平均 Macro-F1 值比 MRGCL_2 的平均 Macro-F1 值高 7.2%，MRGCL 的平均 Macro-Rec. 值比 MRGCL_2 的平均 Macro-Rec. 值高 4.7%，MRGCL 的平均 Macro-Pre. 值比 MRGCL_2 的平均 Macro-Pre. 值高 9.5%。

在 Ryu's 数据集上，MRGCL 的平均准确率比 MRGCL_2 的平均准确率高 3.9%，MRGCL 的平均 Macro-F1 值比 MRGCL_2 的平均 Macro-F1 值高 2.6%，MRGCL 的平均 Macro-Rec. 值比 MRGCL_2 的平均 Macro-Rec. 值高 2.9%，MRGCL 的平均 Macro-Pre. 值比 MRGCL_2 的平均 Macro-Pre. 值高 2.3%。

在 IJCAI 数据集上，MRGCL 的平均 HR@10 值比 MRGCL_2 的平均 HR@10 值高 1.6%，MRGCL 的平均 NDCG@10 值比 MRGCL_2 的平均 NDCG@10 值高 4.2%。

实验结果证明了子图对比损失函数的显著有效性。原因可能是 MRGCL 计算锚点的子图嵌入作为正样本对，与全局表示相比，可以有效地提取锚点的局部有价值的高阶关系。

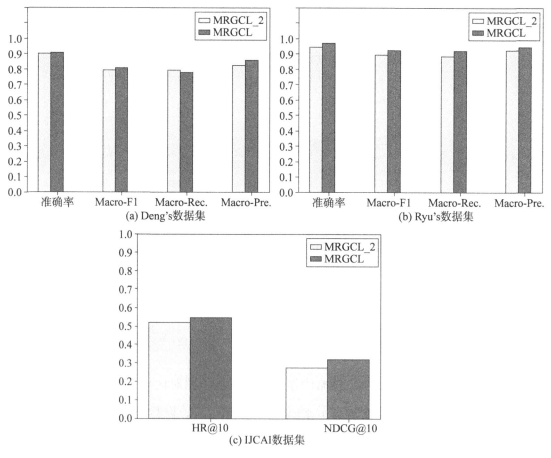

图 9-3　子图对比损失函数的作用

3. 层次注意力的作用

为验证层次注意力机制的作用，本章从 MRGCL_1 中移除所有层次化注意力（记为

MRGCL_3），以验证其对 MRGCL 模型的贡献。

如图 9-4 所示，在 Deng's 数据集上，MRGCL_1 的平均准确率比 MRGCL_3 的平均准确率高 12.8%，MRGCL_1 的平均 Macro-F1 值比 MRGCL_3 的平均 Macro-F1 值高 10.7%，MRGCL_1 的平均 Macro-Rec. 值比 MRGCL_3 的平均 Macro-Rec. 值高 11.2%，MRGCL_1 的平均 Macro-Pre 值比 MRGCL_3 的平均 Macro-Pre 值高 19.7%。

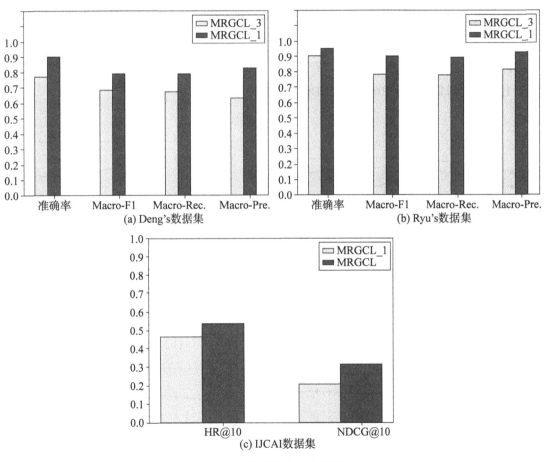

图 9-4　层次注意力的作用

在 Ryu's 数据集上，MRGCL_1 的平均准确率比 MRGCL_3 的平均准确率高 5.2%，MRGCL_1 的平均 Macro-F1 值比 MRGCL_3 的平均 Macro-F1 值高 11.6%，MRGCL_1 的平均 Macro-Rec. 值比 MRGCL_3 的平均 Macro-Rec. 值高 11.5%，MRGCL_1 的平均 Macro-Pre. 值比 MRGCL_3 的平均 Macro-Pre. 值高 11.9%。

在 IJCAI 数据集上，MRGCL_1 的平均 HR@ 10 值比 MRGCL_3 的平均 HR@ 10 值高 7%，MRGCL_1 的平均 NDCG@ 10 值比 MRGCL_3 的平均 NDCG@ 10 值高 10.5%。

实验结果证明了层次注意力机制的有效性，该机制能显著提升 3 个数据集上所有指标的预测性能。原因可能是 MRGCL_1 能够识别实体之间不同层次的重要性，从而学习不同层次对目标实体嵌入的贡献。

9.3.6　超参数分析

本节进行了超参数分析，性能如图 9-5、图 9-6 和图 9-7 所示。具体来说，本章估计了不同的 k 跳邻居和参数 θ_1 和 θ_2 如何影响多关系推理和推荐性能。本章进行了 5 次实验，以展示 WN18RR 和 FB15k-237 数据集上的 MRR、Hits@ 3 和 Hits@ 10 的平均值，以及 IJCAI 数据集上的 HR@ 10 和 NDCG@ 10 的平均值。

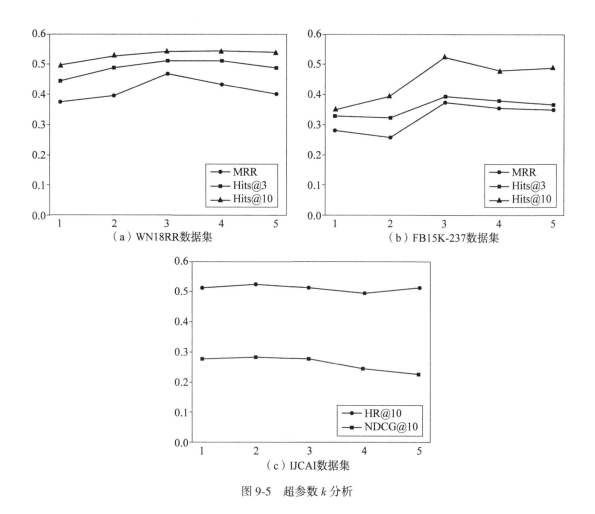

图 9-5　超参数 k 分析

参数 k：本章将参数 k 设置为 1、2、3、4 和 5，以评估 MRGCL 的多关系推理和推荐性能。本章的模型使用 k 来决定子图的跳数。在实验中，很小的 k 值就可以得到合适的结果。图 9-5 所示的实验结果表明，当多关系推理中 $k=3$，推荐中 $k=2$ 时，本章的模型可以达到最佳性能。

参数 θ_1 和 θ_2：本章改变参数 θ_1 和 θ_2 来探索不同对比学习的任务的贡献。θ_1 和 θ_2 控制对比学习的贡献。在实验中，参数 θ_1 和 θ_2 在 {0.05，0.10，0.15，0.20，0.25} 范围内搜寻得到。实验结果如图 9-6 和图 9-7 所示，当 $\theta_1=0.2$ 和 $\theta_2=0.1/0.15$ 时，两种任务的性能最佳。在实验中，这两个参数的值越大，对对比学习的贡献越大，但性能越差。原因可能是较大的值会使模型过多地关注对比学习任务，减少对主要任务的关注，从而导致性能下降。

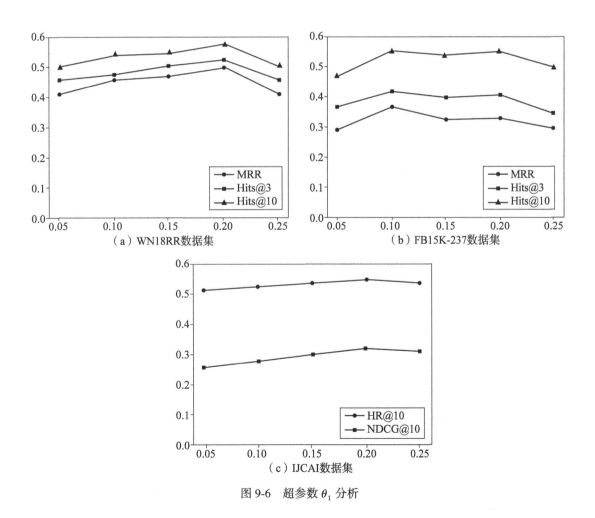

图 9-6　超参数 θ_1 分析

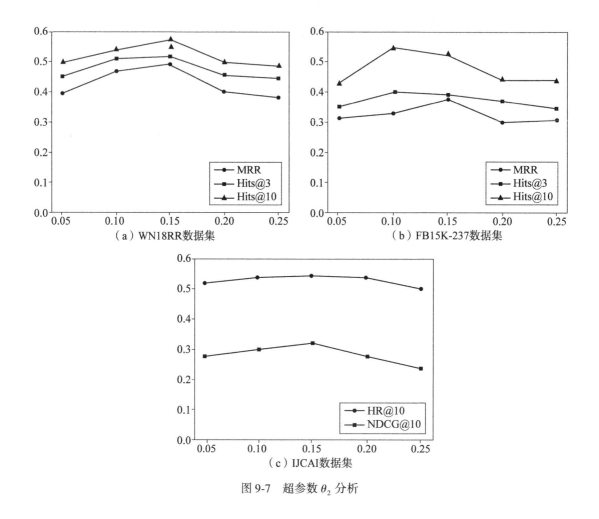

图9-7 超参数 θ_2 分析

📝 本章小结

  本章提出了一种有效的可学习增强方法 MRGCL，用于多关系图学习的图对比学习架构。特别的是，MRGCL 首先提出了一个 MGHAN 框架来学习实体之间的重要性，该框架包括实体级、关系级和层级注意力，能够学习实体之间不同层次的重要性。接着，本章从 MGHAN 中移除关系级注意力来学习对比视图 1，并从 MGHAN 中移除实体级和关系级注意力来学习对比视图 2，这样可以自动学习两个图增强视图以保持与任务相关的信息完整性，并适应多种应用领域。最后，本章设计了一个子图对比损失函数来生成每个锚点的正样本对，用于提取锚点的局部高阶关系，实现高质量的节点学习。

在 3 个应用领域的多关系数据集上的大量实验表明，本章的 MRGCL 在各种 SOTA 方法上具有优越性。本章未来的工作将探索多关系图的语义关系，以构建新的对比损失函数，实现高质量的多关系图学习。

第10章 基于关系感知的异构图卷积网络关系预测方法

　　复杂系统通常可被建模为网络,其中节点代表实体,边代表实体之间的关系。大多数现实世界中的网络并非静态的,而是不断演化的,因此可被建模为时序同构网络,即网络仅由一种类型的实体和关系构成。然而,现实世界中的网络往往是异构的,由不同类型的实体和随时间演化的关系组成,这可被建模为时序异构网络,例如图 10-1 所示的互联网电影数据库(internet movie database,IMDB)。它由 3 种类型的节点组成:演员、电影和导演,以及多种类型的关系。不同类型节点之间的关系可由元路径表示,即它是一种描述不同节点类型之间复合关系的链路序列,它由一系列不同的节点类型构成。因此,两部电影之间的共同演员关系可由元路径"电影-演员-电影(MAM)"表示,而两部电影之间的共同导演关系可由元路径"电影-导演-电影(MDM)"表示。此外,IMDB 网络的节点和关系可能随时间而演化。

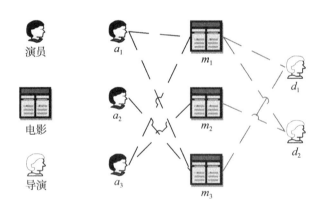

图 10-1　一个异构网络的例子(IMDB)

　　关系预测,在时序同构网络中也被称为链路预测,是时序异构网络中的一种重要分析工具。链路预测旨在预测时序同构网络中相同类型节点之间的未来交互情况,而关系预测旨在预测时序异构网络中不同类型节点之间目标关系的存在性。它可应用于多种网络分析任务,如分类、推荐系统和网络重构。具体而言,它可用于预测学术网络中新的共同作者关系、交通网络中的交通流量、生物网络中的药物-靶点的相互作用、电子商务网络中的购买行为等。

目前已经有几种用于时序异构网络中关系预测的方法被提出。MetaDynaMix 结合隐藏特征和拓扑特征，根据之前连续的时间片来预测最后一个时间片的特定关系。HINTS 将来自一个异构信息网络快照序列的引用信号转换为引用时间序列，以用于未来引用时间序列的预测。MDHNE 将异构时序网络转换为多个不同视角的同构网络，并使用循环神经网络来学习节点嵌入以捕捉演化模式。这些方法大多主要利用先前时间片的静态快照来预测下一个时间片的拓扑结构。然而，现实世界中的网络庞大且稀疏，基于快照的方法可能会导致高昂的计算成本，并且在很大程度上忽略了时序动态性。一些用于关系预测的增量更新节点嵌入方法被开发出来，如 DyHNE 和 THINE。DyHNE 结合时序异构网络中结构和语义的变化来学习节点嵌入以进行关系预测，而THINE 采用霍克斯过程（Hawkes Process）同时模拟网络演化以进行关系预测。然而，这些工作忽略了时序异构网络中边交互的时序近期性，即只有纳入近期连续时间片的边而非整个时序网络的边，才能获得相对更好的预测性能。例如，在时序同构网络中的一项实证分析表明，与久远过去的交互情况相比，近期的交互情况更有价值。详细结果可从图 10-2 中看到。本章使用一个小型的加州大学圣巴巴拉分校（university of california，santa barbara，UCSB）加权网络 1，它是一个具有 38 个节点的无线网状数据集，其中节点代表主机，边代表在某个时间片内的链路质量（即主机之间的链路权重）。对于这个数据集，本章根据时间戳将 100 个连续的时间片划分开，实验的任务是根据之前的 L 个时间片来预测最后一个时间片的拓扑结构。本章使用图卷积网络（graph convolutional network，GCN）来学习每个时间片内的网络拓扑结构，并使用长短期记忆（long short-term memory，LSTM）网络来学习多个连续时间片的演化。本章使用均方误差（mean square error，MSE）分数来评估性能，值越低性能越好。图 10-2（a）所示的实验结果表明，当纳入的连续时间片 L 增加时，性能持续提高，在 $L = 10$ 到 $L = 20$之间获得最佳结果。之后，当 L 继续增加时性能下降，运行时间持续增加，如图 10-2（b）所示。这些结果再次表明，只有纳入近期连续时间片而非整个时序网络的历史时间片，才能获得更好的性能。此外，与考虑整个网络的边相比，它具有相对较低的时间复杂度。然而，之前的工作没有考虑纳入连续时间片以捕捉时序异构网络中近期交互的演化模式来进行关系预测，因此，有必要持续纳入近期异构时序网络的时间演化信息以进行关系预测。本章提出了一种连续时间时序邻居生成算法（continuous-time temporal heterogeneous neighbor generation algorithm，CTHN）来捕捉近期交互的演化模式，特别地，该算法首先收集在时序距离 τ 处节点的 K 跳时序异构邻居，其中 $\tau \leqslant t$，t 代表网络的最大时序距离。由于到当前节点跳数较少的节点通常与该节点关系更紧密，并且与当前节点时间距离更近的节点与该节点关系更紧密，本章添加一个衰减系数以确保跳数越少、时间距离越近，被采样的节点就越多。然后，根据特定关系类型中节点的出现频率为每个节点选择 l-top 节点。这样，该算法就能够为时序异构网络中的每个节点收集近期强相关的异构邻居。通过这种方式，CTHN 能够更好地保留网络的空间结构和时序演化特征。此外，它是一种基于局部特征提取的方法，具有相对较低的时间复杂度。

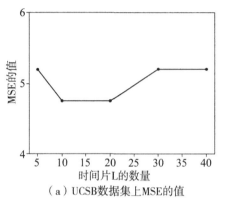

（a）UCSB 数据集上 MSE 的值

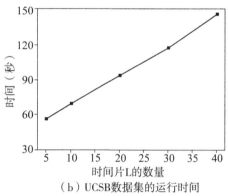

（b）UCSB 数据集的运行时间

图 10-2　UCSB 数据集运行结果

此外，大多数最近的时序异构网络挖掘模型主要采用元路径对异构结构进行建模以进行关系预测，例如 Np-Glm、MetaDynaMix 等。Np-Glm 利用元路径在时序异构网络中进行特征提取。MetaDynaMix 采用基于元路径的拓扑特征来捕捉网络的异构性和动态性。DyHNE 利用基于元路径的一阶和二阶近似性关系来学习时序异构网络中的结构和语义。THINE 结合元路径和注意力机制来学习时序异构网络中的结构和语义。然而，为异构网络的不同节点类型手动设计元路径需要特定的领域知识。此外，网络中的元路径是无限的，并非所有元路径都对目标关系预测有积极影响。例如，一个学术网络由 4 种类型的节点组成，即论文（Paper，P）、作者（Author，A）、术语（Term，T）和会议（Conference，C），元路径包括 APA、PTP、PCP，分别代表共同作者、共享术语的论文、在同一会议上发表的论文。本章感兴趣的目标关系是共同作者（即 APA），对于目标关系预测，元路径 APA 比 PCP 包含更多有价值的信息。因为 APA 表示共同作者关系，而 PCP 仅表示两篇在同一会议上发表的论文。直观地说，两篇在同一会议上发表的论文可能不会影响共同作者关系。因此，并非所有元路径都对目标关系预测有积极影响。本质上，元路径是节点之间的一种关系，本章只关心与目标关系预测最相关的关系类型，而不是现实世界中的所有关系类型。再举一个例子，电子商务网络包含用户和商品两种类型的节点，以及多种类型的关系，如查看、加入购物车和购买等。本章最感兴趣的任务是根据与购买关系最相关的关系来预测购买关系，例如加入购物车关系对购买行为比查看关系更有价值。受此启发，本章的工作采用与目标关系最为相关的联系，来构建预测目标关系的异构图神经网络模型。因此，本章提出了一种关系感知异构图卷积网络架构(relation-aware heterogeneous graph convolutional network architecture，RHGCN)用于时序异构网络关系预测。具体而言，为了预测不同节点类型之间的目标关系，该模型利用关系感知异构图卷积网络架构来学习与目标关系最相关的不同关系。对于特定节点类型 v 和 u 的不同关系，该模型分别利用相对于其关系 r 的邻居节点 $N_r(v)$ 和 $N_r(u)$ 来对关系交互进行建模。这样，RHGCN 就能够学习特定节点类型中与目标关系最相关的不同关系以进行关系预测。

该模型的整体架构如图 10-3 所示。图 10-3(a) 展示了一个包含 4 种类型节点(即 A、B、C 和 D)以及带有时间戳的多种类型关系的异构时序网络，其中 m_1、m_2、m_3 和 m_4 分别表示每种节点类型的数量，不同颜色的虚线表示不同类型节点之间的不同关系。对于每个节点，该模型收集时序距离为 τ 的 K 跳时序异构邻居，并添加一个衰减系数以确保跳数越少，时序距离越近，采样的节点就越多，其中 $\tau \leqslant t$，t 表示网络的最大时序距离，如图 10-3(b) 所示。然后，该模型利用与目标关系最相关的关系对异构图神经网络进行建模，以进行目标关系预测。为了预测图 10-3(c) 中类型 A 和 D 的节点之间的目标关系 $R(A, D)$，该模型学习类型 A 和 D 中与目标关系最相关的关系。假设节点类型 A 学习到的与目标关系最相关的关系包含 $R(A, A)$、$R(A, B)$ 和 $R(A, C)$，而节点 D 学习到的与目标关系最相关的关系包含 $R(D, B)$、$R(D, C)$ 和 $R(D, D)$。该模型会分别对这些关系进行学习，通过这种方式，该模型就能够学习到与目标关系最相关的关系，进而利用这些关系进行关系预测。

本章提出了一种用于时序异构网络关系预测的新架构 RHGCN。具体而言，该架构利用关系感知异构图卷积网络来学习特定节点类型的不同关系。本章还提出了一种连续时间时序异构网络邻居生成 CTHN 算法来捕捉特定节点类型在上下文中的连续时间交互。它能够捕捉近期交互的演化模式，并为时序异构网络中的每个节点收集强相关的异构邻居。本章评估了所提出的模型在 3 个真实世界的时序异构网络上的性能，结果表明，与现有最先进的技术方法相比，该模型在预测准确性和效率方面有显著提高。特别是，与对比模型相比，本章的模型在 Yelp 数据集上的平均 AUC 值高出 10%，在 DBLP 数据集上高出 15%，在 AMiner 数据集上高出 10%。本章的模型在 Yelp 数据集上的平均 F1 的值高出 14%，在 DBLP 数据集上高出 10%，在 AMiner 数据集上高出 7%。

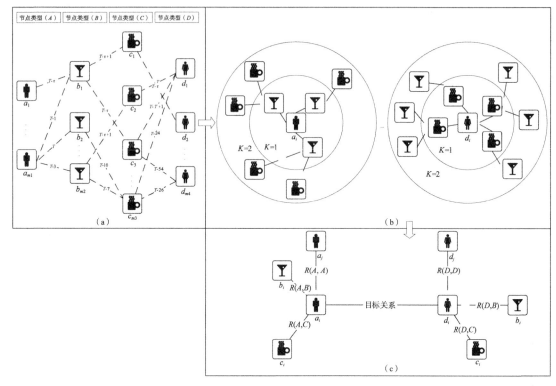

图 10-3　模型架构

10.1　问 题 定 义

一个时序异构网络可以通过图表示为：$G = (V, E, A, R, T)$，其中，$V = \{v_1, v_2, \cdots, v_n\}$ 表示一组节点，n 是节点的数量，$E \subseteq V \times V$ 表示节点之间的一组时序边（关系），$T = \{1, 2, \cdots, \tau, \cdots, t\}$ 表示所有时间点的集合，t 表示网络的最大时序距离。它与一个节点类型映射函数 $\varphi_1: V \to A$ 和一个边类型映射函数 $\varphi_2: E \to R$ 相关联。A 和 R 表示所有节点和关系类型的集合，其中 $|A| + |R| > 2$。每个节点 $v \in V$ 属于一个特定的节点类型，而每个边 $e \in E$ 属于一种特定的关系类型，并且 $e \to \mathbf{R}^+$ 是一个将每条边映射到其对应时间点的函数。

前文中的实证分析表明，本章只有通过纳入近期连续时间片的边，而不是整个时序网络的边，才能获得相对较好的预测性能。因此，本章中的时序异构网络关系预测问题正式定义如下：

给定一个时序异构网络 $G = (V, E, A, R, T)$ 以及类型 A_i 和 A_j 的节点之间的目标关系类型 (A_i, A_j)，其中 $A = \{A_1, A_2, \cdots, A_m\}$ 且 $R \subseteq A \times A$。关系预测的目标是根据与目标关系最相关的关系，在时序距离 τ 处预测类型 A_i 和 A_j 的节点之间是否存在目

标关系类型 $(A_i,\ A_j)$，其中 $\tau \leqslant t$，t 表示网络的最大时序距离。

10.2 方 法

本节介绍用于时序异构网络关系预测的模型 RHGCN。第一步是捕捉节点上下文中的连续时间交互。然后，利用所提出的关系感知异构图卷积网络来学习特定节点类型的不同关系以进行关系预测。

10.2.1 生成连续时间的时序邻居

基于快照的关系预测方法可能会导致较高的计算成本，并且不能很好地捕捉网络的时序动态性。在许多现实场景中，边的时序近期性显示出了交互的重要性，因此，对于时序异构网络 $G=(V,\ E,\ A,\ R,\ T)$，本章只需要持续纳入近期边的时序近期性，而不是整个时序网络的边作为时序邻居。本章提出了一种连续时序异构邻居生成算法，该算法为节点 v 生成一个连续时序上下文，如表 10-1 所示。

在表 10-1 列出的算法 1 中，C_v^τ 表示在时序异构网络 G 中时序距离为 τ 时节点 v 收集到的时序异构邻居。τ 用于确保时序邻居在距离节点 v 的 τ 跳以内，并且本章可以改变它来捕捉长程或短程时序上下文。$N_q(v,\ K)$ 表示在时间片 q 中节点 v 的 K 跳的邻居集合，其正式定义为

$$N_q(v,\ K)=\bigcup_{k=1}^{k=K}\{Z^k(v,\ A_q^k)\} \tag{10-1}$$

其中，K 表示跳数，$Z^k(v,\ A_q^k)$ 表示在时间片 q 中第 k 跳时节点 v 的邻居集合。A_q^k 表示在时间片 q 中第 k 跳时为节点 v 采样的邻居数量，并满足下式的约束：

$$|Z^k(v,\ A_q^k)|\leqslant A_q^k \tag{10-2}$$

其中 $|Z^k(v,\ A_q^k)|$ 表示为 $Z^k(v,\ A_q^k)$ 采样的邻居数量。此外，本章添加一个衰减系数 γ 以确保跳数越少，时序距离越近，采样的节点就越多，具体设置如下：

$$\begin{cases} \hat{A}_q^{k-1}=\gamma A_q^k \\ \hat{A}_{q-1}^1=\gamma A_q^1 \end{cases} \tag{10-3}$$

其中 γ 是介于 0 和 1 之间的衰减系数，$\hat{A}$ 表示向上取整 $A(q>1)$。$Top_r^l(\hat{C}_v^\tau)$ 表示根据特定关系类型 r 中节点的频率从 C_v^τ 中为图 G 的每个节点 v 选择的 l-top 节点。首先，该算法生成节点 v 在时序距离 τ 处的时序异构邻居，并将其定义为 $\hat{C}_v^\tau$。然后基于特定关系类型生成每个节点 v 的 l-top 邻居，并将其定义为 C_v^τ。通过这种方式，本章的算法捕

捉了近期交互的演化模式，并为时序异构网络中的每个节点收集了强相关的异构邻居。此外，所有参数都可以视为常数，所以本章的算法具有线性时间复杂度。

表 10-1	算　法　1

算法 1：连续时间时序异构网络邻居生成算法

输入：$G = (V, E, A, R, T)$：一个时序异构网络；

　　　　l：对于 $\hat{C}_v^\tau$ 中每个节点 v 的 l-top 节点，都参考了特定关系类型出现的频率；

　　　　τ：时序距离；

　　　　K：节点的跳数；

输出：C_v^τ：收集时序距离 τ 时，图 G 连续时间节点异构邻居；

1　while $q < \tau$ do

2　　　for $v \in V$ do

3　　　　　$\hat{C}_v^\tau$. add $\{u \mid u \in N_q(v, K)\}$;

4　　　end

5　end

6　return $\hat{C}_v^\tau$;

7　for $r \in R$ do

8　　for $v \in V$ do

9　　　　C_v^τ. add $\{u \mid u \in Top_r^l(\hat{C}_v^\tau)\}$;

10　　end

11　end

12　return C_v^τ ;

10.2.2　关系感知异构图卷积网络

本章提出的模型参考了图卷积网络(graph convolutional networks，GCN)，这是一种从图结构数据中学习节点嵌入的(半)监督方法。它基于 GCN 的一个变体，每层定义如下：

$$H^{(i+1)} = \sigma(LH^{(i)}W^{(i)}) \tag{10-4}$$

其中，$H^{(i+1)} \in \mathbf{R}^{N \times d_{i+1}}$ 和 $H^{(i)} \in \mathbf{R}^{N \times d_i}$ 分别是第 i 层的输出和输入。N 表示网络节点的数量。σ 表示非线性激活函数。$W^{(i)} \in \mathbf{R}^{d_i \times d_{i+1}}$ 表示权重矩阵。L 表示对称归一化拉普拉斯矩阵，可以由下式构建。

$$L = D^{-\frac{1}{2}}AD^{\frac{1}{2}} \tag{10-5}$$

其中 $\boldsymbol{A}$ 表示邻接矩阵，$\boldsymbol{D}$ 表示网络的度矩阵。然而，GCN 不能直接用于异构网络来学习网络中特定节点类型的不同关系。因此，本章提出了一种用于时序异构网络关系预测的关系感知异构图卷积网络架构，每层定义如下：

$$\boldsymbol{h}_v^{(i+1)} = \sigma\left(\sum_{r \in R} \sum_{u \in N_r(v)} \frac{1}{\sqrt{\mid N_v \| N_u \mid}} \boldsymbol{W}_r^{(i)} (\boldsymbol{h}_v^{(i)} \odot \boldsymbol{h}_u^{(i)}) \right) \tag{10-6}$$

其中，R 是关系类型的集合，并且 $N_r(v)$ 是关系类型 r 的节点 v 的邻居集合。N_v 和 N_u 分别是节点 v 和 u 在关系类型 r 中的邻居集合，并且 $\dfrac{1}{\sqrt{\mid N_v \| N_u \mid}}$ 用于确保图卷积操作的嵌入规模。$\boldsymbol{W}_r^{(i)}$ 是关系类型 r 中的权重矩阵。$\boldsymbol{h}_v^{(i)}$ 和 $\boldsymbol{h}_u^{(i)}$ 分别是节点 v 和 u 的表示向量。$\odot$ 是向量的逐元素乘积，σ 是 LeakyReLU 非线性激活函数。RHGCN 的详细说明可从图 10-4 中看到。例如，为了预测类型 v 和 u 的节点之间是否存在目标关系类型 (v, u)，本章学习节点类型 v 和 u 在某些关系类型(如 $r_1 \cdots r_K$)中与目标关系最相关的不同关系。对于特定节点类型 v 和 u 的不同关系，该模型分别利用相对于其关系 r 的邻居节点 $N_r(v)$ 和 $N_r(u)$ 来对关系交互进行建模。这样，RHGCN 就能够学习特定节点类型中与目标关系最相关的不同关系以进行关系预测。接下来，本章利用二元交叉熵损失函数，使用学习到的节点表示来嵌入节点。

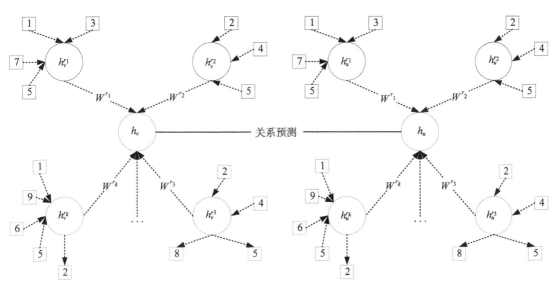

图 10-4　RHGCN 模型的说明

$$L = \sum_{r \in R} \sum_{v \in V} \left[\sum_{u \in N_r(v)} - \log(\sigma(\boldsymbol{h}_v \cdot \boldsymbol{h}_u)) - \boldsymbol{W}_{\text{neg}} \cdot \sum_{g \in \sim N_r(v)} \log(1 - \sigma(\boldsymbol{h}_v \cdot \boldsymbol{h}_g)) \right]$$

$$\tag{10-7}$$

其中 $N_r(v)$ 表示节点 v 在关系类型 r 中的邻居集合；$\sim N_r(v)$ 表示负采样分布，W_{neg} 表示负采样参数，"·"表示内积，σ 是非线性激活函数。

10.3　实　　验

本章在异构时序网络上进行了广泛的实验，以验证 RHGCN 模型在本节中的有效性和效率。

10.3.1　数据集和对比模型

本章在 3 个数据集上评估本章的 RHGCN 模型。特别的是，本章利用一个 Yelp 社交媒体网络和两个学术网络（AMiner 和 DBLP）来评估 RHGCN 模型的有效性和效率。数据集的详细信息如表 10-2 所示。

表 10-2　　　　　　　　　　　　　3 个异构时序网络的统计数据

数据集名称	节点数量	节点类型	关系类型
AMiner	8 811	术语(T)	APA
	18 181	论文(P)	APCPA
	22 942	作者(A)	APTPA
	22	会议(C)	
DBLP	8 833	术语(T)	APA
	14 376	论文(P)	APCPA
	14 475	作者(A)	APTPA
	20	会议(C)	
Yelp	9	星级(S)	
	1 286	用户(U)	BSB
	33 360	评论(R)	BRURB
	2 614	商家(B)	

AMiner： 这是一个学术网络，由 4 种类型的节点组成，即论文(P)、作者(A)、术语(T)和会议(C)，其演变时间从 1990 年到 2005 年。在本章的实验中，考虑的关系包括 APA、APTPA 和 APCPA，它们分别代表共同作者、共享术语的作者和共享会议的作者。

DBLP：这也是一个学术网络数据集，每条边都有一个相关的时间戳。与 AMiner 数据集一样，本章也对 APA、APTAP 和 APCPA 关系感兴趣，它们也分别代表共同作者、共享术语的作者和共享会议的作者。

Yelp：这是一个社交媒体网络，每条边都有一个相关的时间戳。本章利用与餐馆相关的三个子类别，包括快餐、美式（新）美食和寿司吧，来构建一个异构时序网络，类似于文献。在实验中，本章考虑的关系包括 BSB 和 BRURB，它们分别代表相同星级的商家和用户对两家商家的评论。

对比模型：本章将提出的 RHGCN 模型与全面的现有技术关系预测模型进行比较。特别的是，本章选择了两个静态异构关系预测模型、两个同构时序关系预测模型和一个近期的异构时序关系预测模型来与本章的模型进行比较。本章利用它们的嵌入向量来预测实验中节点之间的关系。

ESim：它采用用户定义的元路径来指导顶点嵌入。此外，该模型提出了一种基于并行采样的优化算法来学习大规模静态异构网络中的嵌入。

Metapath2vec：它也利用元路径来指导随机游走和跳词模型以学习静态异构网络中的节点嵌入。

DANE：它采用矩阵扰动理论以在线方式解决时序网络中的网络嵌入问题。

DHPE：它将奇异值分解推广到广义特征值问题，以在同构时序网络嵌入中保留高阶近似性。

DyHNE：它利用基于元路径的一阶和二阶近似性来学习时序异构网络嵌入中的结构和语义。

参数设置：本章在表 10-2 中展示了实验中所考虑的关系类型。对于 AMiner 和 DBLP 数据集，本章的目标关系是共同作者（即 APA）；对于 Yelp 数据集，本章的目标关系是用户对两个商家的评价（即 BRURB）。对于 AMiner 和 DBLP 数据集，本章采用与目标关系最相关的关系为共享会议的作者（即 APCPA）和共享术语的作者（即 APTPA）；对于 Yelp 数据集，本章利用与目标关系最相关的关系为相同星级的商家（即 BSB）。实际上，本章可以为目标关系预测考虑更多的关系。然而，网络中的关系是无限的，并非所有关系都对目标关系预测有积极影响。因此，本章只选择与目标关系最相关的关系。

本章中模型参数是通过基于相关文献调研的参数敏感性分析实验确定的，并且本章报告了一些经典参数的敏感性分析结果。具体设置包括：RHGCN 的层数为 3，各层大小分别为 [64，64，64]；l-top 中的 l 设为 600；节点的 K 跳设为 5；一个时间片内的 A_q^1 设为 400；衰减系数 γ 设为 0.8；模型的学习率设为 0.0001。在本章的实验中，不同的数据集在不同的 τ 值下达到最佳性能。因此，对于 DBLP 和 Yelp 数据集，本章构建

10 个连续的时间片，其中 $\tau = 7$；对于 AMiner 数据集，本章构建 15 个连续的时间片，其中 $\tau = 9$。本章独立进行了 10 次实验，并报告每个数据集的 AUC 值和 F1 分数的平均性能。

10.3.2　关系预测

本章评估了 RHGCN 在异构时序网络中与上述对比模型相比的性能。特别是，本章验证了 RHGCN 在 3 个异构时序网络数据集上进行关系预测的性能。表 10-3 中的实验结果表明，与其他模型相比，RHGCN 模型有显著的改进。ESim 和 Metapath2vec 在异构网络中未考虑时序信息，导致它们性能较差。与本章所提及的模型相比，DANE 和 DHPE 这两个同构时序模型并不具备优势，原因在于它们没有考虑到不同类型的节点和关系。DyHNE 利用基于元路径的一阶和二阶近似性来学习时序异构网络中的结构和语义。然而，它忽略了时序异构网络中边交互的时序近期性。因此，本章的模型在这 3 个数据集上始终表现更好。本质上，本章利用 CTHN 算法来捕捉近期交互的演化模式，并为时序异构网络中的每个节点收集强相关的异构邻居。该算法首先在时间距离为 τ 时收集节点的 K 跳时序异构邻居。此外，本章添加一个衰减系数以确保跳数越少、时间距离越近，则采样的节点越多。然后根据节点在特定关系类型中出现的频率为每个节点选择 l-top 节点。通过这种方式，CTHN 能够更好地保留网络的空间结构和时序演化特征。此外，它也是一种基于局部特征提取的方法，具有相对较低的时间复杂度。本章利用关系感知异构图卷积网络来学习特定节点类型的不同关系以进行关系预测。为了预测不同节点类型之间的目标关系，该模型利用关系感知异构图卷积网络架构来学习与目标关系最相关的不同关系。对于特定节点类型 v 和 u 的不同关系，该模型分别利用关于其关系 r 的相邻节点 $N_r(v)$ 和 $N_r(u)$ 来对关系交互进行建模。因此，RHGCN 能够学习到特定节点类型下与目标关系最相关的不同关系，并将其用于关系预测。所以，本章所提及的模型取得了最佳性能。

表 10-3　　　　　　　　　　　　关系预测的性能

数据集名称	Yelp		DBLP		AMiner	
	AUC	F1	AUC	F1	AUC	F1
ESim	0.652	0.617	0.905	0.822	0.846	0.717
Metapath2vec	0.816	0.729	0.920	0.850	0.869	0.776
DANE	0.793	0.722	0.541	0.714	0.841	0.717
DHPE	0.763	0.681	0.641	0.622	0.841	0.716

续表

数据集名称	Yelp		DBLP		AMiner	
	AUC	F1	AUC	F1	AUC	F1
DyHNE	0.835	0.750	0.928	0.874	0.882	0.779
RHGCN	**0.867**	**0.840**	**0.939**	**0.886**	**0.964**	**0.810**

10.3.3　消融研究

为了理解与目标关系最相关的关系的有效性，本章使用 RHGCN 的一个变体进行实验。本章选择 DBLP 和 AMiner 数据集来验证关系预测中的性能，并且在这两个数据集中本章的目标关系也都是共同作者（即 APA），之后本章报告平均 AUC 值。本章利用与目标关系最相关的关系，即分别为共享会议的作者（即 APCPA）和共享术语的作者（即 APTPA）来验证关系预测的性能。

RHGCN-APCPA：仅采用共享会议的作者关系的 RHGCN 变体模型。

RHGCN-APTPA：仅采用共享术语的作者关系的 RHGCN 变体模型。

如图 10-5 所示，在两个数据集上使用这两种关系时模型达到最佳性能。实验结果表明，APTPA 和 APCPA 关系对共同作者关系预测都有积极影响。因此，这两种关系都是与目标关系最相关的关系。此外，本章观察到在 DBLP 数据集中 APTPA 关系的贡献略大于 APCPA 关系。原因可能是在 DBLP 数据集的共同作者关系预测中，APTPA 关系比 APCPA 关系更有价值。然而，在 AMiner 数据集中 APCPA 关系的贡献略大于 APTPA 关系。原因可能是在 AMiner 数据集的共同作者关系预测中，APCPA 关系比 APTPA 关系更有价值。实验结果表明，不同的关系在不同的数据集中对目标关系预测有不同的影响。因此，本章只需选择与目标关系最相关的关系而非所有关系就可以获得相对较好的性能。

10.3.4　时间片影响

由于 AMiner 数据集包含 15 年的连续数据，本章针对该数据集分析时间片参数 τ，以进行系预测。具体来说，本章按年份构建 15 个连续的时间片，本章的任务是根据之前的 τ 个时间片来预测最后一个时间片的拓扑结构，并且报告平均 AUC 的值。如图 10-6(a) 所示，当纳入的连续时间片 τ 增加时，性能持续提高，在 $\tau = 9$ 时获得最佳结果；之后，当 τ 继续增加时性能下降。结果表明，只有纳入近期的连续时间片而非整

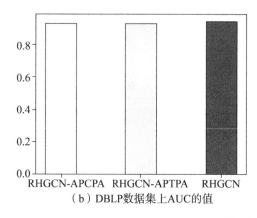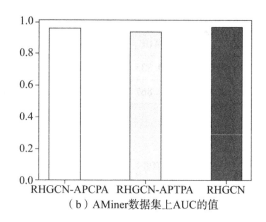

（b）DBLP数据集上AUC的值　　　　　（b）AMiner数据集上AUC的值

图 10-5　消融研究

个时序网络才能获得更好的性能。

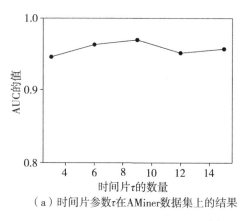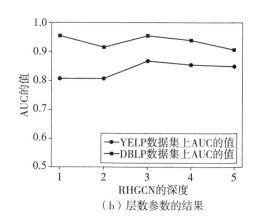

（a）时间片参数τ在AMiner数据集上的结果　　（b）层数参数的结果

图 10-6　实验结果

10.3.5　层数影响

本章改变模型深度来分析 RHGCN 是否能从 [1, 2, 3, 4, 5] 范围内的多个传播层中受益。本章选择 YELP 和 DBLP 数据集来验证这个参数。如图 10-6（b）所示，在 YELP 数据集上，将 RHGCN 的深度从 1 增加到 3 时性能持续提高，并在 3 时获得最佳结果。对于 DBLP 数据集，将 RHGCN 的深度从 1 增加到 2 时性能下降，深度大于 2 之后，性能提高并且也在 3 时获得最佳结果。自然地，3 个传播层足以捕捉这 2 个数据集中网络的异构信息。原因可能是在本章所选的数据集中，模型层数越深，可能会导致更多的噪声和过拟合。之后，随着层数增加性能下降。因此，本章将 RHGCN 的层数设为 3。

10.3.6　RHGCN 的效率

本章将使用为时序网络设计的对比模型来评估 RHGCN 模型的效率。由于 ESim 和 Metapath2vec 是静态网络模型，不能直接处理时序网络，本章选择 2 个同构时序网络模型 DANE 和 DHPE 以及一个近期的异构时序网络 DyHNE 来与本章的模型进行比较。本章进行 5 次单独的测试以报告在 DBLP 和 AMiner 数据集上的平均运行时间。从图 10-7 中，可以注意到的是，与其他对比模型相比，本章的模型在 2 个时序异构数据集上具有更短的运行时间。原因可能是本章利用 CTHN 算法来捕捉时序异构网络中的演化模式。CTHN 算法基于局部特征提取，所以它具有相对较低的时间复杂度。

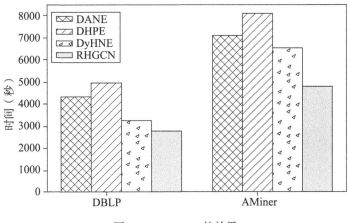

图 10-7　RHGCN 的效果

虽然 RHGCN 是为异构时序网络关系预测而设计的，但值得注意的是，只需稍加修改，它就可以普遍应用于许多其他异构时序网络时间序列预测任务。例如，根据交通流所涉及的因素(如人流量、车流量和环境因素等)构建一个异构时序交通网络，并选择最相关的因素来预测交通流。近年来，许多研究人员利用注意力机制来研究异构网络关系预测，然而，在本章中并未考虑在 RHGCN 模型里添加注意力机制。因此，本章将这一问题留待日后进行研究。具体来说，本章将考虑在 RHGCN 模型中添加注意力机制，以验证预测性能，并在其他相关任务(如交通流预测、社区检测和推荐系统等)中探索 RHGCN 模型。

✍ 本章小结

　　本章研究了时序异构网络中的关系预测。特别的是，本章提出了一个新的架构 RHGCN，它使用关系感知异构图卷积网络来学习特定节点类型的不同关系。为了捕捉特定节点类型背景下的连续时间交互，本章提出了一种 CTHN 算法来捕捉近期交互的演化模式，并为时序异构网络中的每个节点收集强相关的异构邻居。实验结果表明，与现有最先进的技术方法相比，本章提出的方法在预测准确率和效率方面有显著的进步。在实验中，本章发现只有纳入近期的连续时间片而非整个时序网络才能获得更好的性能。此外，本章还发现网络中的关系是无限的，并非所有关系都对目标关系预测有积极影响。因此，本章只需选择与目标关系最相关的关系就可以实现相对较好的性能。

第 11 章　总结与展望

11.1　总　　结

网络表示学习也称为图嵌入，其目的是将网络中的节点和边转化到向量空间。特别是到了大数据时代，整个社会的特征量更加丰富且庞大，图表示学习在特征表示方面的作用更为突出，它可以帮助人工智能领域的从业者更好地在所处理的信息中，通过图来表示各个节点和边的特征，以便在数据挖掘或提升下游应用的性能方面取得更好的效果。

近年来，图表示学习发展迅速，各种图表示方法孕育而生。总的来说，图表示学习可以分为静态图表示学习和动态图表示学习。其中静态图表示学习典型的方法有DeepWalk，其特点是整个图不会产生变化，直接对整个图进行处理。动态图表示学习也可称为时序图表示学习，整个图随着时间的变化而变化，在处理该图的过程中需要将时序图按照时间戳划分，分为多个快照，这样时序图就变为静态图，之后再对每一张静态图进行处理，最后将处理后的向量按照时序特征进行衰减相融处理，以便进行一些后续的工作，例如链路预测。本书主要完成的研究工作如下：

（1）本书提出了一种截断的分层随机游走抽样算法 THRW，以提取网络空间和时序特征。其次，本书还提出了一种用于时序网络分层嵌入的时空高阶图卷积网络框架ST-HN，以进行网络表示学习。THRW 设置了一个衰减系数，可以为距离当前快照越近的快照分配更多的游走步骤，这样可以保留更多近期图的特征。ST-HN 是基于稀疏化邻域混合的高阶图卷积框架，该模型混合了不同距离的邻域特征表示来学习邻域混合关系。相对于只能学习不同跳点邻居的 MixHop，ST-HN 利用一个聚合器学习不同跳点和快照中邻居的混合时空特征表示。然后，本书在 4 个不同的公开数据集上进行了多次实验，实验结果表明，与对比模型相比，ST-HN 的 AUC 值更具有竞争力。最后，本书进行了参数敏感性分析实验，以得到 ST-HN 达到最优性能时参数的情况。

（2）本书提出了静态属性网络拓扑特征提取方法 SWAS 和节点嵌入方法 SAN，对于静态属性网络，SWAS 将 1 阶到 k 阶权重和节点属性相似度整合到一个加权图中，之后静态属性网络的嵌入方法参考了 GATs 来学习节点嵌入。其次，本书提出了时序属性网络拓扑特征提取方法 SWAD 和节点嵌入方法 TSAN，对于时序属性网络，SWAD 的处理对象包含 1 阶到 k 阶带权重网络，将其先前快照和节点属性相似度整合到一个加权图中，并使用衰减系数以确保更近的快照分配到更大的权重，之后时序属性网络的嵌入方法参考了 TemporalGAT 框架来学习网络表示。然后，本书在 4 个不同的公开数据集上进行了多次实验，实验结果表明，与对比模型相比，本书提出的框架 SWAS-SAN 在 4 个数据集上可以有效学习静态属性网络的节点向量表示；本书提出的框架 SWAD-TSAN 在 2 个数据集上可以有效学习时序嵌入，捕捉观察到的链路的演变以预测未观察到的链路的演变。最后，本书分别进行了消融研究和参数敏感性分析以验证模型中各个重要模块和参数的有效性。

（3）本书提出了一个基于自编码器的包含离群节点的时序属性网络嵌入框架 TAOA，该模型通过利用离群感知的自编码器来建模节点信息，该编码器结合了当前网络快照和以前的快照，以共同学习网络中节点的嵌入向量。其次，本书提出了一个简化的高阶图卷积机制 SHGC，该机制可以预处理时序属性网络中每个快照中每个节点的属性特征，SHGC 将属性信息融入链路结构信息，这样可以利用属性信息加强链路结构特征。然后，本书在 3 个不同的公开数据集上进行了多次实验，实验结果表明，本书的模型在链路预测和节点分类方面与对比模型相比更具竞争力。最后，本书分别进行了消融研究和参数敏感性分析以验证模型中各个重要模块和参数的有效性。

（4）本书提出了一种拓扑和时序图小波神经网络 TT-GWNN 以进行时序网络中的链路预测，该模型采用图小波神经网络 GWNN 在网络中深度嵌入节点，代替了传统的图卷积网络中的卷积核，避免了拉普拉斯矩阵的特征分解，其次，本书提出了一种二阶加权随机游走采样算法 SWRW 将以前的一阶和二阶权值快照合并成一个加权图，并使用一个衰减系数为最近的快照分配更大的权值，这可以更好地保持时序网络的演化权值。然后，本书在 4 个不同的公开数据集上进行了多次实验，实验结果表明，本书的 TT-GWNN 一直优于一些先进的对比模型。最后，本书分别进行了参数敏感性分析和可伸缩性分析以验证模型中随着节点数增加运行时间的变化和参数的有效性。

（5）本书提出了一种时间戳分层采样图小波神经网络框架 THS-GWNN，包括采用图小波神经网络 GWNN 对节点进行深度嵌入以及时间戳分层采样算法 THS。其中图小波神经网络用于更好地捕捉时序网络的非线性特征，时间戳分层采样算法能够有效地捕捉时序网络的演变行为。它从当前快照的 K 跳邻居到先前快照的 K 跳邻居作为当前节点 v 的采样邻居，能够分层地为节点提取空间和时序特征。它还引入了一个衰减系数，将更多的采样节点分配给跳数更少和更接近的快照，从而能够更好地保留时序网络的演变行为。然后，本书在 4 个不同的公开数据集上进行了多次实验，证明了本书的方法优于其他对比模型。

(6)本书提出了一种基于分层注意力的异构时序网络嵌入模型 TemporalHAN 以及一种新的随机游走算法 NRWA。基于分层注意力的异构时序网络嵌入模型包括节点级和语义级注意力，并能够捕获不同层次聚合的重要性。节点级注意力可以识别特定节点类型的节点和特定节点类型的随机游走邻居之间的重要性，语义级注意力可以识别该节点的不同节点类型的重要性。新的随机游走算法对每个快照中节点的强异构邻居的不同类型进行采样，并按照节点类型进行分组。此外，该算法使用一个衰减系数确保更近的快照分配到更多的游走步数，有效学习了异构时序网络的演变信息。然后，本书在 3 个不同的公开数据集上进行了多次实验，证明了本书的方法在节点分类和关系预测方面优于其他对比模型。

(7)本书提出了一种多关系图对比学习架构 MRGCL，通过该架构，引入了一个多关系图层次注意力网络 MGHAN，用于识别实体之间的重要性，它包括实体级、关系级和层级注意力。实体级注意力可以识别特定关系类型下实体及其邻居之间的重要性，关系级注意力可以识别特定实体的不同关系类型的重要性，而层级注意力可以识别MGHAN 中不同传播层对特定实体的重要性。通过这种方式，MGHAN 可以学习实体之间不同层次的重要性，以提取局部图依赖性。其次，本书利用变体 MGHAN 自动学习两个具有自适应拓扑结构的图的增强视图。具体来说，本书从 MGHAN 中移除实体级注意力以学习对比视图 1，并从 MGHAN 中移除实体级和关系级注意力以学习对比视图 2。此外，本书设计了一个子图对比损失函数，为每个锚点生成正样本对。具体来说，本书构建同一视图中锚点的所有 k 跳邻居作为它们的强连接子图，并计算子图嵌入作为每个锚点的正样本对，这样可以提取锚点的局部高阶关系，实现高质量的节点学习。最后，本书在 5 个不同的公开数据集上进行了多次实验，实验结果表明，本书的 MRGCL 在 DDI 事件预测、KGs 多关系推理和多关系推荐方面优于一些先进的对比模型。最后，本书分别进行了超参数分析和消融研究以验证模型中各个重要模块和参数的有效性。

(8)本书提出了一种关系感知异构图卷积网络架构 RHGCN 用于关系预测以及一种连续时间时序异构网络邻居生成算法 CTHN。在关系感知异构图卷积网络架构中，为了预测不同节点类型之间的目标关系，该模型利用关系感知异构图卷积网络架构来学习与目标关系最相关的不同关系。对于特定节点类型 v 和 u 的不同关系，该模型分别利用相对于其关系 r 的邻居节点 $N_r(v)$ 和 $N_r(u)$ 来对关系交互进行建模。这样，RHGCN 就能够学习特定节点类型中与目标关系最相关的不同关系以进行关系预测。连续时间时序异构网络邻居生成算法捕捉特定节点类型在上下文中的连续时间交互。它能够捕捉近期交互的演化模式，并为时序异构网络中的每个节点收集强相关的异构邻居。然后，本书在多个不同的公开异构时序网络上进行了多次实验，实验结果表明，本书的 RHGCN 在关系预测方面优于一些先进的对比模型。最后，本书分别进行了消融研究、时间片影响分析和层数影响分析，以得到最佳层数和时间片连续性结果并验证各模块对模型性能的影响。

11.2 展　　望

本书针对图神经网络的网络表示学习方法进行了探索和研究，但仍然存在不足和改进的空间，具体如下：

（1）本书第 3 章提出的一种截断的分层随机游走抽样算法 THRW 和一种用于时序网络分层嵌入的时空高阶图卷积网络框架 ST-HN 考虑到了图的时序性和不同距离的邻域关系。在大模型时代，未来的工作会将大模型融入时序网络表示学习以优化图表示学习。

（2）本书第 4 章提出的静态属性网络拓扑特征提取方法、节点嵌入方法 SWAS-SAN 以及时序属性网络拓扑特征提取方法 SWAD-TSAN，都结合了图的注意力机制。事实上，在处理图数据的过程中会产生依赖于全局图信息，需要处理整个图的节点信息，难以捕捉节点之间的多跳依赖关系等问题。因此，未来的工作可以从减少处理非相关节点信息的方向进行改进。

（3）本书第 5 章提出的一种基于自编码器的包含离群节点的时序属性网络嵌入方法 TAOA 将离群节点纳入考虑范围，之后，本书提出了一个简化的高阶图卷积机制 SHGC，以便预处理属性特征。然而，自编码器模型缺乏正则化，可能会出现过拟合的情况。因此，未来的工作可以通过自编码器的优化，并添加正则化项来进行改进。

（4）本书第 6 章提出的一种拓扑和时序图小波神经网络 TT-GWNN 相比于传统的图卷积网络提升了性能，并且将二阶邻居纳入考虑。然而，该模型并未考虑到不同节点之间的特征具有相似性，也未考虑到节点之间重要性的巨大差异。因此，未来的工作可以通过计算节点之间的相似性，以获取节点之间关系的权重进行方法改进。

（5）本书第 7 章提出的一种时间戳分层采样图小波神经网络框架 THS-GWNN 为更近的快照分配更多的采样节点，考虑到了网络的时序演变行为。然而，图中的信息取决于它们的可用信息，即为了保护隐私，用户的非拓扑信息不完整，造成网络结构数据信息不足，因此可能需要添加更多潜在的补充因素。因此，未来的工作可以模拟潜在的补充特征，将其加入网络结构数据。

（6）本书第 8 章提出的一种基于分层注意力的异构时序网络嵌入模型 TemporalHAN 以及一种新的随机游走算法 NRWA，采用分层注意力机制将不同层级的注意力纳入考虑范围，并且在采样的过程中还考虑了异构时序网络的演变信息。异构网络清晰表达了具有多种类型节点和边的丰富网络语义关系。本书目前的工作未考虑的挑战性问题是如何捕获特定领域网络的网络语义。因此，本书未来的工作将研究特定领域网络的网络语义关系(关系感知机制)，并利用关系感知机制来构建神经网络模型，以学习鲁棒性更好的嵌入向量。

(7)本书第9章提出的一种多关系图对比学习架构 MRGCL，通过不同的注意力层，结合图对比学习，识别实体之间的重要性。本书未来的工作将探索多关系图的语义关系，以构建新的对比损失函数，实现高质量的多关系图学习。

(8)本书的第10章提出的一种关系感知异构图卷积网络架构 RHGCN 以及一种连续时间的时序异构网络邻居生成算法 CTHN，将近期边的时序近期性纳入考虑范围，以预测不同节点类型之间的目标关系，并且提出了一种卷积网络架构。然而，随着大模型和扩散模型的出现，为图表示学习带来了新的见解，因此，将异构图表示学习与大模型或扩散模型结合起来，以优化图表示学习算法在未来会是一个有意义的研究方向。此外，不同元路径在现实世界中应具有不同的重要性，因此可以采用注意力机制加以区分。在未来的工作中，也可以通过添加注意力机制对异构图表示学习进行优化。

参 考 文 献

［1］ Li B, Pi D. Network representation learning：A systematic literature review ［J］. Neural Computing and Applications, 2020, 32（21）：16647-16679.

［2］ Li J, Cheng K, Wu L, et al. Streaming link prediction on dynamic attributed networks ［C］//Proceedings of the Eleventh ACM International Conference on Web Search and Data Mining, 2018：369-377.

［3］ Zhou L, Yang Y, Ren X, et al. Dynamic network embedding by modeling triadic closure process ［C］//Proceedings of the AAAI Conference on Artificial Intelligence, 2018, 32（1）.

［4］ Lin Q, Duan L, Huang J. Personalized pricing through user profiling in social networks ［C］//2021 19th International Symposium on Modeling and Optimization in Mobile, Ad hoc, and Wireless Networks（WiOpt）. IEEE, 2021：1-8.

［5］ Yang C, Liu Z, Zhao D, et al. Network representation learning with rich text information ［C］//IJCAI, 2015：2111-2117.

［6］ Wei H, Hu G, Bai W, et al. Lifelong representation learning in dynamic attributed networks ［J］. Neurocomputing, 2019, 358：1-9.

［7］ McPherson M, Smith-Lovin L, Cook J M. Birds of a feather：Homophily in social networks ［J］. Annual Review of Sociology, 2001, 27（1）：415-444.

［8］ Grover A, Leskovec J. node2vec：Scalable feature learning for networks ［C］//Proceedings of the 22nd ACM SIGKDD International Conference on Knowledge Discovery and Data Mining, 2016：855-864.

［9］ Abu-El-Haija S, Perozzi B, Kapoor A, et al. Mixhop：Higher-order graph convolutional architectures via sparsified neighborhood mixing ［C］//International Conference on Machine Learning. PMLR, 2019：21-29.

［10］ Sankar A, Wu Y, Gou L, et al. Dysat：Deep neural representation learning on dynamic graphs via self-attention networks ［C］//Proceedings of the 13th International Conference on Web Search and Data Mining, 2020：519-527.

［11］ Goyal P, Chhetri S R, Canedo A. dyngraph2vec: Capturing network dynamics using dynamic graph representation learning ［J］. Knowledge-Based Systems, 2020, 187: 104816.

［12］ Singer U, Guy I, Radinsky K. Node embedding over temporal graphs ［J］. arXiv Preprint arXiv: 1903. 08889, 2019.

［13］ Zhang P, Wang C, Jiang C, et al. Security-aware virtual network embedding algorithm based on reinforcement learning ［J］. IEEE Transactions on Network Science and Engineering, 2020, 8 (2): 1095-1105.

［14］ Xuan Q, Zhang Z Y, Fu C, et al. Social synchrony on complex networks ［J］. IEEE Transactions on Cybernetics, 2017, 48 (5): 1420-1431.

［15］ Yu B, Yin H, Zhu Z. Spatio-temporal graph convolutional networks: A deep learning framework for traffic forecasting ［J］. arXiv Preprint arXiv: 1709. 04875, 2017.

［16］ Pavlopoulos G A, Wegener A L, Schneider R. A survey of visualization tools for biological network analysis ［J］. Biodata Mining, 2008, 1: 1-11.

［17］ Lv Y, Duan Y, Kang W, et al. Traffic flow prediction with big data: A deep learning approach ［J］. IEEE Transactions on Intelligent Transportation Systems, 2014, 16 (2): 865-873.

［18］ Martínez V, Berzal F, Cubero J C. A survey of link prediction in Complex networks ［J］. ACM computing Surveys (CSUR), 2016, 49 (4): 1-33.

［19］ Xie G S, Zhang Z, Xiong H, et al. Towards zero-shot learning: A brief review and an attention-based embedding network ［J］. IEEE Transactions on Circuits and Systems for Video Technology, 2022, 33 (3): 1181-1197.

［20］ Zhang P, Chen J, Che C, et al. IEA-GNN: Anchor-aware graph neural network fused with information entropy for node classification and link prediction ［J］. Information Sciences, 2023, 634: 665-676.

［21］ Wang X, Lu Y, Shi C, et al. Dynamic heterogeneous information network embedding with meta-path based proximity ［J］. IEEE Transactions on Knowledge and Data Engineering, 2020, 34 (3): 1117-1132.

［22］ Dong Y, Chawla N V, Swami A. metapath2vec: Scalable representation learning for heterogeneous networks ［C］ //Proceedings of the 23rd ACM SIGKDD International Conference on Knowledge Discovery and Data Mining, 2017: 135-144.

［23］ Xie Y, Ou Z, Chen L, et al. Learning and updating node embedding on dynamic heterogeneous information network ［C］ //Proceedings of the 14th ACM International

Conference on Web Search and Data Mining, 2021: 184-192.

[24] Chen G, Fang J, Meng Z, et al. Multi-relational graph representation learning with bayesian gaussian process network [C] //Proceedings of the AAAI Conference on Artificial Intelligence, 2022, 36 (5): 5530-5538.

[25] Qu M, Gao T, Xhonneux L P, et al. Few-shot relation extraction via bayesian meta-learning on relation graphs [C] //International Conference on Machine Learning. PMLR, 2020: 7867-7876.

[26] Zhou Y, Chen X, He B, et al. Re-thinking knowledge graph completion evaluation from an information retrieval perspective [C] //Proceedings of the 45th International ACM SIGIR Conference on Research and Development in Information Retrieval, 2022: 916-926.

[27] Chen Y, Yang Y, Wang Y, et al. Attentive knowledge-aware graph convolutional networks with collaborative guidance for personalized recommendation [C] //2022 IEEE 38th International Conference on Data Engineering (ICDE). IEEE, 2022: 299-311.

[28] Liu L, Chen Y, Das M, et al. Knowledge graph question answering with ambiguous query [C] //Proceedings of the ACM Web Conference 2023, 2023: 2477-2486.

[29] Xiong Z, Liu S, Huang F, et al. Multi-relational contrastive learning graph neural network for drug-drug interaction event prediction [C] //Proceedings of the AAAI Conference on Artificial Intelligence, 2023, 37 (4): 5339-5347.

[30] Zhang Z, Li Z, Liu H, et al. Multi-scale dynamic convolutional network for knowledge graphembedding [J]. IEEE Transactions on Knowledge and Data Engineering, 2020, 34 (5): 2335-2347.

[31] Tu S, Neumann S. A viral marketing-based model for opinion dynamics in online social networks [C] //Proceedings of the ACM Web Conference 2022, 2022: 1570-1578.

[32] Zhang C, Song D, Huang C, et al. Heterogeneous graph neural network [C] // Proceedings of the 25th ACM SIGKDD International Conference on Knowledge Discovery & Data Mining, 2019: 793-803.

[33] Shekhar S, Pai D, Ravindran S. Entity resolution in dynamic heterogeneous networks [C] //Companion Proceedings of the Web Conference 2020, 2020: 662-668.

[34] Zhao F, Li Y, Hou J, et al. Improving question answering over incomplete knowledge graphs with relation prediction [J]. Neural Computing and Applications, 2022: 1-18.

[35] Yang C, Wang C, Lu Y, et al. Few-shot link prediction in dynamic networks [C] //

Proceedings of the Fifteenth ACM International Conference on Web Search and Data Mining, 2022: 1245-1255.

[36] Tang R, Jiang S, Chen X, et al. Network structural perturbation against interlayer link prediction [J]. Knowledge-Based Systems, 2022, 250: 109095.

[37] Yasuda Y, Ishiwatari T, Miyazaki T, et al. Nhk_strl at WNUT-2020 task 2: Gats with syntactic dependencies as edges and ctc-based loss for text classification [C] // Proceedings of the Sixth Workshop on Noisy User-generated Text (W-NUT 2020), 2020: 324-330.

[38] Talasu N, Jonnalagadda A, Pillai S S A, et al. A linkprediction based approach for recommendation systems [C] //2017 International Conference on Advances in Computing, Communications and Informatics (ICACCI). IEEE, 2017: 2059-2062.

[39] Zhang W, Guo X, Wang W, et al. Role-based network embedding via structural features reconstruction with degree-regularized constraint [J]. Knowledge-Based Systems, 2021, 218: 106872.

[40] Fang S, Prinet V, Chang J, et al. MS-Net: Multi-source spatio-temporal network for traffic flow prediction [J]. IEEE Transactions on Intelligent Transportation Systems, 2021, 23 (7): 7142-7155.

[41] Shao K, Zhang Y, Wen Y, et al. DTI-HETA: prediction of drug – target interactions based on GCN and GAT on heterogeneous graph [J]. Briefings in Bioinformatics, 2022, 23 (3): bbac109.

[42] Chen C, Ma W, Zhang M, et al. Graph heterogeneous multi-relational recommendation [C] //Proceedings of the AAAI Conference on Artificial Intelligence, 2021, 35 (5): 3958-3966.

[43] Wang X, Cui P, Wang J, et al. Community preserving network embedding [C] // Proceedings of the AAAI Conference on Artificial Intelligence. 2017, 31 (1).

[44] Li Y, Wang Y, Zhang T, et al. Learning network embedding with community structural information [C] //Proceedings of the 28th International Joint Conference on Artificial Intelligence, 2019.

[45] Zhu S, Yu K, Chi Y, et al. Combining content and link for classification using matrix factorization [C] //Proceedings of the 30th Annual International ACM SIGIR Conference on Research and Development in Information Retrieval, 2007: 487-494.

[46] Kipf T N, Welling M. Variational graph auto-encoders [J]. arXiv preprint arXiv: 1611.07308, 2016.

［47］ Huang X, Li J, Hu X. Label informed attributed network embedding ［C］// Proceedings of the Tenth ACM International Conference on Web Search and Data Mining, 2017：731-739.

［48］ Huang X, Li J, Hu X. Accelerated attributed network embedding ［C］//Proceedings of the 2017 SIAM International Conference on Data Mining. Society for Industrial and Applied Mathematics, 2017：633-641.

［49］ Meng Z, Liang S, Zhang X, et al. Jointly learning representations of nodes and attributes for attributed networks ［J］. ACM Transactions on Information Systems （TOIS）, 2020, 38（2）：1-32.

［50］ Zhang Z, Yang H, Bu J, et al. ANRL：Attributed network representation learning via deep neural networks ［C］//Ijcai, 2018, 18：3155-3161.

［51］ Veličković P, Cucurull G, Casanova A, et al. Graph attention networks ［J］. arXiv preprint arXiv：1710. 10903, 2017.

［52］ Yu W, Cheng W, Aggarwal C, et al. Self-attentive attributed network embedding through adversarial learning ［C］//2019 IEEE International Conference on Data Mining （ICDM）. IEEE, 2019：758-767.

［53］ Zhao Z, Zhou H, Li C, et al. Deepemlan：deep embedding learning for attributed networks ［J］. Information Sciences, 2021, 543：382-397.

［54］ Pan G, Yao Y, Tong H, et al. Unsupervised attributed network embedding via cross fusion ［C］//Proceedings of the 14th ACM International Conference on Web Search and Data Mining, 2021：797-805.

［55］ Zhao Z, Zhou H, Qi L, et al. Inductive representation learning via CNN for partially-unseen attributed networks ［J］. IEEE Transactions on Network Science and Engineering, 2021, 8（1）：695-706.

［56］ Liang S, Ouyang Z, Meng Z. A normalizing flow-based co-embedding model for attributed networks ［J］. ACM Transactions on Knowledge Discovery from Data （TKDD）, 2021, 16（3）：1-31.

［57］ Meng Z, Liang S, Fang J, et al. Semi-supervisedly co-embedding attributed networks ［J］. Advances in Neural Information Processing Systems, 2019, 32.

［58］ Zhao S, Chen J, Chen J, et al. Hierarchical label with imbalance and attributed network structure fusion for network embedding ［J］. AI Open, 2022, 3：91-100.

［59］ Hsieh I C, Li C T. CoANE：Modeling context co-occurrence for attributed network embedding ［J］. IEEE Transactions on Knowledge and Data Engineering, 2021, 35

（1）：167-180.

［60］ Lin Z, Tian C, Hou Y, et al. Improving graph collaborative filtering with neighborhood-enriched contrastive learning ［C］//Proceedings of the ACM Web Conference 2022, 2022：2320-2329.

［61］ Sun G, Shen Y, Zhou S, et al. Self-supervised interest transfer network via prototypical contrastive learning for recommendation ［C］//Proceedings of the AAAI Conference on Artificial Intelligence. 2023, 37（4）：4614-4622.

［62］ Yang Y, Huang C, Xia L, et al. Debiased contrastive learning for sequential recommendation ［C］//Proceedings of the ACM Web Conference 2023, 2023：1063-1073.

［63］ Wang Y, Wang X, Huang X, et al. Intent-aware recommendation via disentangled graph contrastive learning ［J］. arXiv preprint arXiv：2403.03714, 2024.

［64］ Cai X, Huang C, Xia L, et al. LightGCL：Simple yet effective graph contrastive learning for recommendation ［J］. arXiv preprint arXiv：2302.08191, 2023.

［65］ Sadeghi A, Ma M, Li B, et al. Distributionally robust semi-supervised learning over graphs ［J］. arXiv preprint arXiv：2110.10582, 2021.

［66］ Issaid C B, Elgabli A, Bennis M. DR-DSGD：A distributionally robust decentralized learning algorithm over graphs ［J］. arXiv preprint arXiv：2208.13810, 2022.

［67］ Wang X, Pun Y M, So A M C. Distributionally robust graph learning from smooth signals under moment uncertainty ［J］. IEEE Transactions on Signal Processing, 2022, 70：6216-6231.

［68］ Liang J, Jacobs P, Sun J, et al. Semi-supervised embedding in attributed networks with outliers ［C］//Proceedings of the 2018 SIAM international conference on data mining. Society for Industrial and Applied Mathematics, 2018：153-161.

［69］ Bandyopadhyay S, Lokesh N, Murty M N. Outlier aware network embedding for attributed networks ［C］//Proceedings of the AAAI Conference on Artificial Intelligence, 2019, 33（1）：12-19.

［70］ Bandyopadhyay S, N L, Vivek S V, et al. Outlier resistant unsupervised deep architectures for attributed network embedding ［C］//Proceedings of the 13th International Conference on Web Search and Data Mining, 2020：25-33.

［71］ Cui P, Wang X, Pei J, et al. A survey on network embedding ［J］. IEEE Transactions on Knowledge and Data Engineering, 2018, 31（5）：833-852.

［72］ Zhu L, Guo D, Yin J, et al. Scalable temporal latent space inference for link prediction in dynamic social networks〔J〕. IEEE Transactions on Knowledge and Data Engineering, 2016, 28（10）: 2765-2777.

〔73〕 Chen H, Li J. Exploiting structural and temporal evolution in dynamic link prediction〔C〕//Proceedings of the 27th ACM International Conference on Information and Knowledge Management, 2018: 427-436.

〔74〕 Yu W, Cheng W, Aggarwal C C, et al. Link prediction with spatial and temporal consistency in dynamic networks〔C〕//IJCAI, 2017: 3343-3349.

〔75〕 Zhao L, Song Y, Zhang C, et al. T-GCN: A temporal graph convolutional network for traffic prediction〔J〕. IEEE Transactions on Intelligent Transportation Systems, 2019, 21（9）: 3848-3858.

〔76〕 Li Y, Yu R, Shahabi C, et al. Diffusion convolutional recurrent neural network: Data-driven traffic forecasting〔J〕. arXiv preprint arXiv: 1707. 01926, 2017.

〔77〕 Yu W, Cheng W, Aggarwal C C, et al. Netwalk: A flexible deep embedding approach for anomaly detection in dynamic networks〔C〕//Proceedings of the 24th ACM SIGKDD International Conference on Knowledge Discovery & Data Mining, 2018: 2672-2681.

〔78〕 Hou C, Tang K. Towards Robust Dynamic Network Embedding〔C〕//IJCAI, 2021: 4889-4890.

〔79〕 Qi Z, Yue K, Duan L, et al. Dynamic embeddings for efficient parameter learning of Bayesian network with multiple latent variables〔J〕. Information Sciences, 2022, 590: 198-216.

〔80〕 Li J, Dani H, Hu X, et al. Attributed network embedding for learning in a dynamic environment〔C〕//Proceedings of the 2017 ACM on Conference on Information and Knowledge Management, 2017: 387-396.

〔81〕 Liang S, Zhang X, Ren Z, et al. Dynamic embeddings for user profiling in twitter〔C〕//Proceedings of the 24th ACM SIGKDD International Conference on Knowledge Discovery & Data Mining, 2018: 1764-1773.

〔82〕 Fathy A, Li K. TemporalGAT: Attention-based dynamic graph representation learning〔C〕//Advances in Knowledge Discovery and Data Mining: 24th Pacific-Asia Conference, PAKDD 2020, Singapore, May 11-14, 2020, Proceedings, Part I 24. Springer International Publishing, 2020: 413-423.

〔83〕 Bai S, Kolter J Z, Koltun V. An empirical evaluation of generic convolutional and recurrent networks for sequence modeling〔J〕. arXiv preprint arXiv: 1803. 01271,

2018.

[84] Liu Z, Huang C, Yu Y, et al. Motif-preserving dynamic attributed network embedding [C] //Proceedings of the Web Conference 2021, 2021: 1629-1638.

[85] Ma J, Zhang Q, Lou J, et al. Temporal network embedding via tensor factorization [C] //Proceedings of the 30th ACM International Conference on Information & Knowledge Management, 2021: 3313-3317.

[86] Yao H, Zhang B, Zhang P, et al. RDAM: A reinforcement learning based dynamic attribute matrix representation for virtual network embedding [J]. IEEE Transactions on Emerging Topics in Computing, 2018, 9 (2): 901-914.

[87] Li Z, Lai D. Dynamic network embedding via temporal path adjacency matrix factorization [C] //Proceedings of the 31st ACM International Conference on Information & Knowledge Management, 2022: 1219-1228.

[88] Jiao P, Guo X, Jing X, et al. Temporal network embedding for link prediction via VAE joint attention mechanism [J]. IEEE Transactions on Neural Networks and Learning Systems, 2021, 33 (12): 7400-7413.

[89] Zhang C Y, Yao Z L, Yao H Y, et al. Dynamic representation learning via recurrent graph neural networks [J]. IEEE Transactions on Systems, Man, and Cybernetics: Systems, 2022, 53 (2): 1284-1297.

[90] Xie S, Li Y, Tam D S H, et al. GTEA: Inductive representation learning on temporal interaction graphs via temporal edge aggregation [C] //Pacific-Asia Conference on Knowledge Discovery and Data Mining. Cham: Springer Nature Switzerland, 2023: 28-39.

[91] Xu Y, Shi B, Ma T, et al. CLDG: Contrastive learning on dynamic graphs [C] // 2023 IEEE 39th International Conference on Data Engineering (ICDE) . IEEE, 2023: 696-707.

[92] Güneş İ, Gündüz-Öğüdücü Ş, Çataltepe Z. Link prediction using time series of neighborhood-based node similarity scores [J]. Data Mining and Knowledge Discovery, 2016, 30: 147-180.

[93] Munasinghe L. Time-aware methods for Link Prediction in Social Networks [D]. Graduate University for Advanced Studies, Japan, 2013.

[94] Lichtenwalter R N, Lussier J T, Chawla N V. New perspectives and methods in link prediction [C] //Proceedings of the 16th ACM SIGKDD International Conference on Knowledge Discovery and Data Mining, 2010: 243-252.

［95］ Dunlavy D M, Kolda T G, Acar E. Temporal link prediction using matrix and tensor factorizations ［J］. ACM Transactions on Knowledge Discovery from Data （TKDD）, 2011, 5 （2）: 1-27.

［96］ Sharan U, Neville J. Temporal-relational classifiers for prediction in evolving domains ［C］ //2008 Eighth IEEE International Conference on Data Mining. IEEE, 2008: 540-549.

［97］ Yu W, Aggarwal C C, Wang W. Temporally factorized network modeling for evolutionary network analysis ［C］ //Proceedings of the Tenth ACM International conference on web search and data mining, 2017: 455-464.

［98］ Perozzi B, Al-Rfou R, Skiena S. Deepwalk: Online learning of social representations ［C］ //Proceedings of the 20th ACM SIGKDD International Conference on Knowledge Discovery and Data Mining, 2014: 701-710.

［99］ Li T, Zhang J, Philip S Y, et al. Deep dynamic network embedding for link prediction ［J］. IEEE Access, 2018, 6: 29219-29230.

［100］ Wang D, Cui P, Zhu W. Structural deep network embedding ［C］ //Proceedings of the 22nd ACM SIGKDD International Conference on Knowledge Discovery and Data Mining, 2016: 1225-1234.

［101］ Li X, Du N, Li H, et al. A deep learning approach to link prediction in dynamic networks ［C］ //Proceedings of the 2014 SIAM International Conference on Data Mining. Society for Industrial and Applied Mathematics, 2014: 289-297.

［102］ Liu F, Liu B, Sun C, et al. Deep belief network-based approaches for link prediction in signed social networks ［J］. Entropy, 2015, 17 （4）: 2140-2169.

［103］ Cho K. On the properties of neural machine translation: Encoder-decoder approaches ［J］. arXiv preprint arXiv: 1409. 1259, 2014.

［104］ Chen J, Zhang J, Xu X, et al. E-LSTM-D: A deep learning framework for dynamic network link prediction ［J］. IEEE Transactions on Systems, Man, and Cybernetics: Systems, 2019, 51 （6）: 3699-3712.

［105］ Amara A, Taieb M A H, Aouicha M B. Network representation learning systematic review: Ancestors and current development state ［J］. Machine Learning with Applications, 2021, 6: 100130.

［106］ Gao H, Huang H. Deep attributed network embedding ［C］ //Twenty-Seventh International Joint Conference on Artificial Intelligence （IJCAI）, 2018.

［107］ Lu Z, Yu Q, Li X, et al. Learning weight signed network embedding with graph neural networks [J]. Data Science and Engineering, 2023, 8 (1): 36-46.

[108] Zhang H, Kou G, Peng Y, et al. Role-aware random walk for network embedding [J]. Information Sciences, 2024, 652: 119765.

[109] Zhang Y, Wang H, Zhao J. Space-invariant projection in streaming network embedding [J]. Information Sciences, 2023, 649: 119637.

[110] Nguyen G H, Lee J B, Rossi R A, et al. Continuous-time dynamic network embeddings [C] //Companion Proceedings of the Web Conference 2018, 2018: 969-976.

[111] Zhu D, Cui P, Zhang Z, et al. High-order proximity preserved embedding for dynamic networks [J]. IEEE Transactions on Knowledge and Data Engineering, 2018, 30 (11): 2134-2144.

[112] Barracchia E P, Pio G, Bifet A, et al. Lp-robin: link prediction in dynamic networks exploiting incremental node embedding [J]. Information Sciences, 2022, 606: 702-721.

[113] Yang M, Chen X, Chen B, et al. DNETC: Dynamic network embedding preserving both triadic closure evolution and community structures [J]. Knowledge and Information Systems, 2023, 65 (3): 1129-1157.

[114] Shang J, Qu M, Liu J, et al. Meta-path guided embedding for similarity search in large-scale heterogeneous information networks [J]. arXiv preprint arXiv: 1610. 09769, 2016.

[115] Shi C, Hu B, Zhao W X, et al. Heterogeneous information network embedding for recommendation [J]. IEEE Transactions on Knowledge and Data Engineering, 2018, 31 (2): 357-370.

[116] Cen Y, Zou X, Zhang J, et al. Representation learning for attributed multiplex heterogeneous network [C] //Proceedings of the 25th ACM SIGKDD International Conference on Knowledge Discovery & Data Mining, 2019: 1358-1368.

[117] Wang X, Ji H, Shi C, et al. Heterogeneous graph attention network [C] //The World Wide Web Conference, 2019: 2022-2032.

[118] Imran M, Yin H, Chen T, et al. Dehin: A decentralized framework for embedding large-scale heterogeneous information networks [J]. IEEE Transactions on Knowledge and Data Engineering, 2022, 35 (4): 3645-3657.

[119] Yang L, Xiao Z, Jiang W, et al. Dynamic heterogeneous graph embedding using hierarchical attentions [C] //Advances in Information Retrieval: 42nd European

Conference on IR Research, ECIR 2020, Lisbon, Portugal, April 14-17, Proceedings, Part II 42. Springer International Publishing, 2020: 425-432.

[120] Milani Fard A, Bagheri E, Wang K. Relationship prediction in dynamic heterogeneous information networks [C] //Advances in Information Retrieval: 41st European Conference on IR Research, ECIR 2019, Cologne, Germany, April 14-18, Proceedings, Part I 41. Springer International Publishing, 2019: 19-34.

[121] Yin Y, Ji L X, Zhang J P, et al. DHNE: Network representation learning method for dynamic heterogeneous networks [J]. IEEE Access, 2019, 7: 134782-134792.

[122] Zhang Z, Huang J, Tan Q. Multi-view dynamic heterogeneous information network embedding [J]. The Computer Journal, 2022, 65 (8): 2016-2033.

[123] Liu Q, Tan H S, Zhang Y M, et al. Dynamic heterogeneous network representation method based on meta-path [J]. Acta Electron. Sin, 2022, 50: 1830-1839.

[124] Peng H, Yang R, Wang Z, et al. Lime: Low-cost and incremental learning for dynamicheterogeneous information networks [J]. IEEE Transactions on Computers, 2021, 71 (3): 628-642.

[125] Zhang L, Guo J, Bai Q, et al. Dynamic heterogeneous graph representation learning with neighborhood type modeling [J]. Neurocomputing, 2023, 533: 46-60.

[126] Schlichtkrull M, Kipf T N, Bloem P, et al. Modeling relational data with graph convolutional networks [C] //The Semantic Web: 15th International Conference, ESWC 2018, Heraklion, Crete, Greece, June 3-7, proceedings 15. Springer International Publishing, 2018: 593-607.

[127] Shang C, Tang Y, Huang J, et al. End-to-end structure-aware convolutional networks for knowledge base completion [C] //Proceedings of the AAAI Conference on Artificial Intelligence, 2019, 33 (1): 3060-3067.

[128] Ye R, Li X, Fang Y, et al. A vectorized relational graph convolutional network for multi-relational network alignment [C] //IJCAI, 2019: 4135-4141.

[129] Vashishth S, Sanyal S, Nitin V, et al. Composition-based multi-relational graph convolutional networks [J]. arXiv preprint arXiv: 1911. 03082, 2019.

[130] Xia L, Xu Y, Huang C, et al. Graph meta network for multi-behavior recommendation [C] //Proceedings of the 44th International ACM SIGIR Conference on Research and Development in Information Retrieval, 2021: 757-766.

[131] Li P, Li Y, Hsieh C Y, et al. TrimNet: learning molecular representation from triplet messages for biomedicine [J]. Briefings in Bioinformatics, 2021, 22 (4): bbaa266.

[132] Chen Y, Ma T, Yang X, et al. MUFFIN: multi-scale feature fusion for drug-drug interaction prediction [J]. Bioinformatics, 2021, 37 (17): 2651-2658.

[133] Khatir M, Choudhary N, Choudhury S, et al. A unification framework for euclidean and hyperbolic graph neural networks [J]. arXiv preprint arXiv: 2206.04285, 2022.

[134] Balazevic I, Allen C, Hospedales T. Multi-relational poincaré graph embeddings [J]. Advances in Neural Information Processing Systems, 2019, 32.

[135] Fang Y, Li X, Ye R, et al. Relation-aware graph convolutional networks for multi-relational network alignment [J]. ACM Transactions on Intelligent Systems and Technology, 2023, 14 (2): 1-23.

[136] Bansal T, Juan D C, Ravi S, et al. A2N: Attending to neighbors for knowledge graph inference [C] //Proceedings of the 57th Annual Meeting of the Association for Computational Linguistics, 2019: 4387-4392.

[137] Yun S, Jeong M, Kim R, et al. Graph transformer networks [J]. Advances in Neural Information Processing Systems, 2019, 32.

[138] Nathani D, Chauhan J, Sharma C, et al. Learning attention-based embeddings for relation prediction in knowledge graphs [J]. arXiv preprint arXiv: 1906.01195, 2019.

[139] Nyamabo A K, Yu H, Liu Z, et al. Drug-drug interaction prediction with learnable size-adaptive molecular substructures [J]. Briefings in Bioinformatics, 2022, 23 (1): bbab441.

[140] Dai G, Wang X, Zou X, et al. MRGAT: multi-relational graph attention network for knowledge graph completion [J]. Neural Networks, 2022, 154: 234-245.

[141] Zhao Y, Du H, Liu Y, et al. Stock movement prediction based on bi-typed hybrid-relational market knowledge graph via dual attention networks [J]. IEEE Transactions on Knowledge and Data Engineering, 2022, 35 (8): 8559-8571.

[142] Hu Z, Gutiérrez-Basulto V, Xiang Z, et al. HyperFormer: Enhancing entity and relation interaction for hyper-relational knowledge graph completion [C] //Proceedings of the 32nd ACM International Conference on Information and Knowledge Management, 2023: 803-812.

[143] Yu W, Yang J, Yang D. Robust Link Prediction over Noisy Hyper-Relational Knowledge Graphs via Active Learning [C] //Proceedings of the ACM on Web Conference 2024, 2024: 2282-2293.

[144] Xia L, Huang C, Xu Y, et al. Knowledge-enhanced hierarchical graph transformer

network for multi-behavior recommendation ［C］//Proceedings of the AAAI Conference on Artificial Intelligence, 2021, 35 (5): 4486-4493.

［145］ Zhao Y, Wei S, Du H, et al. Learning Bi-typed multi-relational heterogeneous graph via dual hierarchical attention networks ［J］. IEEE Transactions on Knowledge and Data Engineering, 2022, 35 (9): 9054-9066.

［146］ Luo H, Yang Y, Guo Y, et al. HAHE: Hierarchical Attention for Hyper-Relational Knowledge Graphs in Global and Local Level ［J］. arXiv preprint arXiv: 2305. 06588, 2023.

［147］ Wu J, Wang X, Feng F, et al. Self-supervised graph learning for recommendation ［C］//Proceedings of the 44th International ACM SIGIR Conference on Research and Development in Information Retrieval, 2021: 726-735.

［148］ Yu J, Yin H, Xia X, et al. Are graph augmentations necessary? simple graph contrastive learning for recommendation ［C］//Proceedings of the 45th International ACM SIGIR Conference on Research and Development in Information Retrieval, 2022: 1294-1303.

［149］ Veličković P, Fedus W, Hamilton W L, et al. Deep graph infomax ［J］. arXiv preprint arXiv: 1809. 10341, 2018.

［150］ Zhu Y, Xu Y, Yu F, et al. Deep graph contrastive representation learning ［J］. arXiv preprint arXiv: 2006. 04131, 2020.

［151］ Zhu Y, Xu Y, Yu F, et al. Graph contrastive learning with adaptive augmentation ［C］//Proceedings of the Web Conference 2021, 2021: 2069-2080.

［152］ Fan Z, Yang Y, Xu M, et al. Node-based Knowledge Graph Contrastive Learning for Medical Relationship Prediction ［J］. arXiv preprint arXiv: 2310. 10138, 2023.

［153］ Fang Q, Zhang X, Hu J, et al. Contrastive multi-modal knowledge graph representation learning ［J］. IEEE Transactions on Knowledge and Data Engineering, 2022, 35 (9): 8983-8996.

［154］ Li Q, Joty S, Wang D, et al. Contrastive learning with generated representations for inductive knowledge graph embedding ［C］//Findings of the Association for Computational Linguistics: ACL 2023, 2023: 14273-14287.

［155］ Cao X, Shi Y, Wang J, et al. Cross-modal knowledge graph contrastive learning for machine learning method recommendation ［C］//Proceedings of the 30th ACM International Conference on Multimedia, 2022: 3694-3702.

［156］ Yang Y, Huang C, Xia L, et al. Knowledge graph contrastive learning for recommendation［C］//Proceedings of the 45th International ACM SIGIR Conference on Research and Development in Information Retrieval, 2022: 1434-1443.

［157］ Wei W, Huang C, Xia L, et al. Contrastive meta learning with behavior multiplicity for recommendation［C］//Proceedings of the Fifteenth ACM International Conference on Web Search and Data Mining, 2022: 1120-1128.

［158］ Wei W, Xia L, Huang C. Multi-relational contrastive learning for recommendation ［C］//Proceedings of the 17th ACM Conference on Recommender Systems, 2023: 338-349.

［159］ Kacupaj E, Singh K, Maleshkova M, et al. Contrastive representation learning for conversational question answering over knowledge graphs［C］//Proceedings of the 31st ACM International Conference on Information & Knowledge Management, 2022: 925-934.

［160］ Tan Z, Chen Z, Feng S, et al. KRACL: Contrastive learning with graph context modeling for sparse knowledge graph completion［C］//Proceedings of the ACM Web Conference 2023, 2023: 2548-2559.

［161］ Mutlu E C, Oghaz T, Rajabi A, et al. Review on learning and extracting graph features for link prediction［J］. Machine Learning and Knowledge Extraction, 2020, 2（4）: 672-704.

［162］ Wang Z, Liang J, Li R, et al. An approach to cold-start link prediction: Establishing connections between non-topological and topological information［J］. IEEE Transactions on Knowledge and Data Engineering, 2016, 28（11）: 2857-2870.

［163］ Sajadmanesh S, Bazargani S, Zhang J, et al. Continuous-time relationship prediction in dynamic heterogeneous information networks［J］. ACM Transactions on Knowledge Discovery from Data（TKDD）, 2019, 13（4）: 1-31.

［164］ Sun Y, Barber R, Gupta M, et al. Co-author relationship prediction in heterogeneous bibliographic networks［C］//2011 International Conference on Advances in Social Networks Analysis and Mining. IEEE, 2011: 121-128.

［165］ Sun Y, Han J, Aggarwal C C, et al. When will it happen? relationship prediction in heterogeneous information networks［C］//Proceedings of the Fifth ACM International Conference on Web Search and Data Mining, 2012: 663-672.

［166］ Liang W, Li X, He X, et al. Supervised ranking framework for relationship prediction in heterogeneous information networks［J］. Applied Intelligence, 2018, 48: 1111-1127.

［167］ Huang H, Shi R, Zhou W, et al. Temporal Heterogeneous Information Network Embedding ［C］//IJCAI, 2021: 1470-1476.

［168］ Hawkes A G. Spectra of some self-exciting and mutually exciting point processes ［J］. Biometrika, 1971, 58 (1): 83-90.

［169］ Jiang S, Koch B, Sun Y. Hints: Citation time series prediction for new publications via dynamic heterogeneous information network embedding ［C］//Proceedings of the Web Conference2021, 2021: 3158-3167.

［170］ Kipf T N, Welling M. Semi-supervised classification with graph convolutional networks ［J］. arXiv preprint arXiv: 1609.02907, 2016.

［171］ Xu B, Shen H, Cao Q, et al. Graph wavelet neural network ［J］. arXiv preprint arXiv: 1904.07785, 2019.

［172］ Mikolov T. Efficient estimation of word representations in vector space ［J］. arXiv preprint arXiv: 1301.3781, 2013, 3781.

［173］ Mnih A, Hinton G E. A scalable hierarchical distributed language model ［J］. Advances in Neural Information Processing Systems, 2008, 21.

［174］ Morin F, Bengio Y. Hierarchical probabilistic neural network language model ［C］//Inte-rnational Workshop on Artificial Intelligence and Statistics. PMLR, 2005: 246-252.

［175］ Bottou L. Stochastic gradient learning in neural networks ［J］. Proceedings of Neuro-Nımes, 1991, 91 (8): 12.

［176］ Sankar A, Wu Y, Gou L, et al. Dynamic graph representation learning via self-attention networks ［J］. arXiv preprint arXiv: 1812.09430, 2018.

［177］ Hammond D K, Vandergheynst P, Gribonval R. Wavelets on graphs via spectral graph theory ［J］. Applied and Computational Harmonic Analysis, 2011, 30 (2): 129-150.

［178］ Defferrard M, Bresson X, Vandergheynst P. Convolutional neural networks on graphs with fast localized spectral filtering ［J］. Advances in Neural Information Processing Systems, 2016, 29.

［179］ Long J, Shelhamer E, Darrell T. Fully convolutional networks for semantic segmentation ［C］//Proceedings of the IEEE Conference on Computer Vision and Pattern Recognition, 2015: 3431-3440.

［180］ He K, Zhang X, Ren S, et al. Deep residual learning for image recognition ［C］// Proceedings of the IEEE Conference on Computer Vision and Pattern Recognition,

2016: 770-778.

[181] Nair V, Hinton G E. Rectified linear units improve restricted boltzmann machines [C] //Proceedings of the 27th International Conference on Machine Learning (ICML-10), 2010: 807-814.

[182] Salimans T, Kingma D P. Weight normalization: A simple reparameterization to accelerate training of deep neural networks [J]. Advances in Neural Information Processing Systems, 2016, 29.

[183] Srivastava N, Hinton G, Krizhevsky A, et al. Dropout: a simple way to prevent neural networks from overfitting [J]. The Journal of Machine Learning Research, 2014, 15 (1): 1929-1958.

[184] Tang J, Qu M, Wang M, et al. Line: Large-scale information network embedding [C] //Proceedings of the 24th International Conference on World Wide Web, 2015: 1067-1077.

[185] Belkin M, Niyogi P. Laplacian eigenmaps for dimensionality reduction and data representation [J]. Neural Computation, 2003, 15 (6): 1373-1396.

[186] Cui W, Wang X, Liu S, et al. Let it flow: A static method for exploring dynamic graphs [C] //2014 IEEE Pacific Visualization Symposium. IEEE, 2014: 121-128.

[187] Hamilton W, Ying Z, Leskovec J. Inductive representation learning on large graphs [J]. Advances in Neural Information Processing Systems, 2017, 30.

[188] Tenenbaum J B, Silva V, Langford J C. A global geometric framework for nonlinear dimensionality reduction [J]. Science, 2000, 290 (5500): 2319-2323.

[189] Pang J, Zhang Y. DeepCity: A feature learning framework for mining location check-ins [C] //Proceedings of the International AAAI Conference on Web and Social Media, 2017, 11 (1): 652-655.

[190] Mo X, Pang J, Liu Z. Effective link prediction with topological and temporal information using wavelet neural network embedding [J]. The Computer Journal, 2021, 64 (3): 325-336.

[191] Ahmed N M, Chen L, Wang Y, et al. Sampling-based algorithm for link prediction in temporal networks [J]. Information Sciences, 2016, 374: 1-14.

[192] Granovetter M S. The strength of weak ties [J]. American Journal of Sociology, 1973, 78 (6): 1360-1380.

[193] Li Q, Zheng Y, Xie X, et al. Mining user similarity based on location history [C] //Proceedings of the 16th ACM SIGSPATIAL International Conference on

Advances in Geographic Information Systems, 2008: 1-10.

[194] Huang J, Ling C X. Using AUC and accuracy in evaluating learning algorithms [J]. IEEE Transactions on Knowledge and Data Engineering, 2005, 17 (3): 299-310.

[195] Li Z, Min W, Song J, et al. Rethinking the optimization of average precision: Only penalizing negative instances before positive ones is enough [C] //Proceedings of the AAAI Conference on Artificial Intelligence, 2022, 36 (2): 1518-1526.

[196] Zou H, Duan Z, Guo X, et al. On embedding sequence correlations in attributed network for semi-supervised node classification [J]. Information Sciences, 2021, 562: 385-397.

[197] Ji Y X, Huang L, He H P, et al. Multi-view outlier detection in deep intact space [C] //2019 IEEE International Conference on Data Mining (ICDM). IEEE, 2019: 1132-1137.

[198] Huang L, Zhu Y, Gao Y, et al. Hybrid-order anomaly detection on attributed networks [J]. IEEE Transactions on Knowledge and Data Engineering, 2021, 35 (12): 12249-12263.

[199] Du X, Yu J, Chu Z, et al. Graph autoencoder-based unsupervised outlier detection [J]. Information Sciences, 2022, 608: 532-550.

[200] Keikha M M, Rahgozar M, Asadpour M. Community aware random walk for network embedding [J]. Knowledge-Based Systems, 2018, 148: 47-54.

[201] Ding K, Li J, Bhanushali R, et al. Deep anomaly detection on attributed networks [C] //Proceedings of the 2019 SIAM International Conference on Data Mining. Society for Industrial and Applied Mathematics, 2019: 594-602.

[202] Wu F, Souza A, Zhang T, et al. Simplifying graph convolutional networks [C] // International Conference on Machine Learning. PMLR, 2019: 6861-6871.

[203] Deng D, Shahabi C, Demiryurek U, et al. Latent space model for road networks to predict time-varying traffic [C] //Proceedings of the 22nd ACM SIGKDD International Conference on Knowledge Discovery and Data Mining, 2016: 1525-1534.

[204] Yu L, Liu H. Feature selection for high-dimensional data: A fast correlation-based filter solution [C] //Proceedings of the 20th International Conference on Machine Learning (ICML-03), 2003: 856-863.

[205] Ahmed N M, Chen L, Wang Y, et al. Sampling-based algorithm for link prediction in temporal networks [J]. Information Sciences, 2016, 374: 1-14.

[206] Tran D, Bourdev L, Fergus R, et al. Learning spatiotemporal features with 3d

convolutional networks [C] //Proceedings of the IEEE International Conference on Computer Vision, 2015: 4489-4497.

[207] Ahmed N K, Rossi R, Lee J B, et al. Learning role-based graph embeddings [J]. arXiv preprint arXiv: 1802.02896, 2018.

[208] Zhang Y, Pang J. Distance and friendship: A distance-based model for link prediction in social networks [C] //Asia-Pacific Web Conference. Cham: Springer International Publishing, 2015: 55-66.

[209] Zhou T, Lü L, Zhang Y C. Predicting missing links via local information [J]. The European Physical Journal B, 2009, 71: 623-630.

[210] Newman M E J. Clustering and preferential attachment in growing networks [J]. Physical Review E, 2001, 64 (2): 025102.

[211] Graves A, Graves A. Long short-term memory [J]. Supervised Sequence Labelling with Recurrent Neural Networks, 2012: 37-45.

[212] Han C, Chen J, Tan M, et al. A tensor-based markov chain model for heterogeneous information network collective classification [J]. IEEE Transactions on Knowledge and Data Engineering, 2020, 34 (9): 4063-4076.

[213] Zhou X, Su L, Li X, et al. Community detection based on unsupervised attributed network embedding [J]. Expert Systems with Applications, 2023, 213: 118937.

[214] Liu H, Zhang Y, Li P, et al. DeepCPR: Deep Path Reasoning Using Sequence of User-Preferred Attributes for Conversational Recommendation [J]. ACM Transactions on Knowledge Discovery from Data, 2023, 18 (1): 1-22.

[215] Xie Y, Xu Z, Zhang J, et al. Self-supervised learning of graph neural networks: A unified review [J]. IEEE Transactions on Pattern Analysis and Machine Intelligence, 2022, 45 (2): 2412-2429.

[216] Ji C, Zhao T, Sun Q, et al. Higher-order memory guided temporal random walk for dynamic heterogeneous network embedding [J]. Pattern Recognition, 2023, 143: 109766.

[217] Wu Y, Fu Y, Xu J, et al. Heterogeneous question answering community detection based on graph neural network [J]. Information Sciences, 2023, 621: 652-671.

[218] Li C, Fu J, Yan Y, et al. Higher order heterogeneous graph neural network based on node attribute enhancement [J]. Expert Systems with Applications, 2024, 238: 122404.

[219] Mao K, Zhu J, Su L, et al. FinalMLP: an enhanced two-stream MLP model for CTR

prediction［C］//Proceedings of the AAAI Conference on Artificial Intelligence, 2023, 37（4）: 4552-4560.

［220］Ma W, Ma L, Li K, et al. Few-shot IoT attack detection based on SSDSAE and adaptive loss weighted meta residual network［J］. Information Fusion, 2023, 98: 101853.

［221］Wang Y, Wang X. A unified study of machine learning explanation evaluation metrics［J］. arXiv preprint arXiv: 2203. 14265, 2022.

［222］Yang Y, Guan Z, Li J, et al. Interpretable and efficient heterogeneous graph convolutional network［J］. IEEE Transactions on Knowledge and Data Engineering, 2021, 35（2）: 1637-1650.

［223］Tian Y, Sun C, Poole B, et al. What makes for good views for contrastive learning?［J］. Advances in Neural Information Processing Systems, 2020, 33: 6827-6839.

［224］Jiang Y, Huang C, Huang L. Adaptive graph contrastive learning for recommendation［C］//Proceedings of the 29th ACM SIGKDD Conference on Knowledge Discovery and Data Mining, 2023: 4252-4261.

［225］Zhuang L, Wang H, Zhao J, et al. Adaptive dual graph contrastive learning based on heterogeneous signed network for predicting adverse drug reaction［J］. Information Sciences, 2023, 642: 119139.

［226］Oord A, Li Y, Vinyals O. Representation learning with contrastive predictive coding［J］. arXiv preprint arXiv: 1807. 03748, 2018.

［227］Shen X, Sun D, Pan S, et al. Neighbor contrastive learning on learnable graph augmentation［C］//Proceedings of the AAAI Conference on Artificial Intelligence, 2023, 37（8）: 9782-9791.

［228］Binkowski J, Sawczyn A, Janiak D, et al. Graph-level representations using ensemble-based readout functions［C］//International Conference on Computational Science. Cham: Springer Nature Switzerland, 2023: 393-405.

［229］Dettmers T, Minervini P, Stenetorp P, et al. Convolutional 2d knowledge graph embeddings［C］//Proceedings of the AAAI Conference on Artificial Intelligence, 2018, 32（1）.

［230］Bordes A, Usunier N, Garcia-Duran A, et al. Translating embeddings for modeling multi-relational data［J］. Advances in Neural Information Processing Systems, 2013, 26.

［231］Chen C, Zhang M, Zhang Y, et al. Efficient heterogeneous collaborative filtering without negative sampling for recommendation [C] //Proceedings of the AAAI Conference on Artificial Intelligence, 2020, 34 (01): 19-26.

[232] Zhu P, Wang B, Tang K, et al. A knowledge-guided graph attention network for emotion-cause pair extraction [J]. Knowledge-Based Systems, 2024, 286: 111342.

[233] Ding X, Zhang H, Ma C, et al. User identification across multiple social networks based on naive Bayes model [J]. IEEE Transactions on Neural Networks and Learning Systems, 2022, 35 (3): 4274-4285.

[234] Wu F, Jing X Y, Wei P, et al. Semi-supervised multi-view graph convolutional networks with application to webpage classification [J]. Information Sciences, 2022, 591: 142-154.

[235] Gers F A, Schmidhuber J, Cummins F. Learning to forget: Continual prediction with LSTM [J]. Neural Computation, 2000, 12 (10): 2451-2471.

[236] Hu Z, Dong Y, Wang K, et al. Heterogeneous graph transformer [C] // Proceedings of the Web Conference 2020, 2020: 2704-2710.

[237] Duan N, Cui J, Liu L, et al. An end to end recognition for license plates using convolutional neural networks [J]. IEEE Intelligent Transportation Systems Magazine, 2019, 13 (2): 177-188.

[238] Jin M, Zhang Y, Hu F, et al. Multi-Hop Neighborhood Information Aggregation-Based Node Representation Learning for Community Detection [J]. Available at SSRN 4764313.

[239] Rani J, Tripura T, Kodamana H, et al. Generative adversarial wavelet neural operator: Application to fault detection and isolation of multivariate time series data [J]. arXiv preprint arXiv: 2401. 04004, 2024.

[240] Mo X, Wan B, Tang R, et al. Attention-based network embedding with higher-order weights and node attributes [J]. CAAI Transactions on Intelligence Technology, 2024, 9 (2): 440-451.

[241] Ju C, Li G, Bao F, et al. Social relationship prediction integrating personality traits and asymmetric interactions [J]. Frontiers in Psychology, 2022, 13: 778722.